기계공학도의 수학 입문서

알기 쉬운
기계수학

에구치 히로후미 지음 ｜ 황규대 옮김

동양북스

기계공학도의 수학 입문서

알기 쉬운
기계수학

초판 1쇄 발행 | 2017년 11월 30일
초판 2쇄 발행 | 2021년 3월 5일

지은이 | 에구치 히로후미(江口弘文)
옮긴이 | 황규대
발행인 | 김태웅
책임편집 | 이중민
디자인 | 이미영
마케팅 총괄 | 나재승
마케팅 | 서재욱, 김귀찬, 오승수, 조경현, 김성준
온라인 마케팅 | 김철영, 임은희, 김지식
제 작 | 현대순
총 무 | 안서현, 최여진, 강아담, 김소명
관 리 | 김성자, 김훈희, 이국희, 김승훈, 최국호

발행처 | (주)동양북스
등 록 | 제 2014-000055호(2014년 2월 7일)
주 소 | 서울시 마포구 동교로22길 12 (04030)
전 화 | (02)337-1737
팩 스 | (02)334-6624

http://www.dongyangbooks.com

ISBN 979-11-5768-295-9 93560

YOKUWAKARU KIKAI SUUGAKU by Hirofumi Eguchi
Copyright ©2013 Hirofumi Eguchi
All right reserved.
Original Japanese edition published by Tokyo Denki University Press

Korean translation copyright ©2017 by DONGYANG Books Co.,Ltd
This Korean edition published by arrangement with Tokyo Denki
University Press, Tokyo,
through HonnoKizuna, Inc., Tokyo, and BC Agency

이 도서의 국립중앙도서관 출판예정도서목록(CIP)은 서지정보유통지원시스템 홈페이지(http://seoji.nl.go.kr)와
국가자료공동목록시스템(http://www.nl.go.kr/kolisnet)에서 이용하실 수 있습니다.
(CIP제어번호:CIP2017027494)

머리말 >>>

　이공학부에 입학하는 학생들의 부족한 수학적 소양에 대한 염려는 어제 오늘에 시작된 것이 아니다. 그러나 효과적인 대책이 좀처럼 세워지지 않고 있는 것이 대부분 대학의 실정인 것 같다. 미분, 적분뿐만 아니라 여기에 이르는 과정에 있는 일차함수, 이차함수, 지수함수, 로그함수, 삼각함수 같은 기본적인 함수 계산부터 다시 되짚어 봐야 하는 학생이 적지 않다.

　이 책의 가장 큰 특징은 '예제 해답' 방식에 있다. 설명은 가급적 간단하게 요약하고, 예제를 제시하여 모든 예제에 자세한 풀이 과정과 해답을 기술하였다. 여기서 독자는 간단한 문자식 계산을 할 수 있다는 전제하에 풀이를 따라 계산해 가면서 '스스로 익히고 구체적으로 계산 실력을 쌓아가는 것'에 주안점을 두고 있다.

　두 번째 특징은 미분방정식에 있다. 기존의 이공학부 교양에서 가르치던 미분방정식은 다양한 형태의 일차 미분방정식의 해법에 역점을 두고 있었다. 이 책에서는 동차형, 베르누이형, 클레로형, 완전미분형, 적분인자 등에 대한 설명을 모두 생략하고 일차 미분방정식은 변수분리형과 선형시변수계(기존의 선형)의 설명만을, 고차 미분방정식은 선형상수계의 연산자법 설명만 기술하였다. 그리고 새롭게 Excel VBA에 의한 수치해법을 나타내었다. 컴퓨터의 성능이 비약적으로 향상된 현재의 상황에서는 특수한 미분방정식의 해석적 기법을 기억하기보다는 룽게-쿠타(Runge-Kutta)법을 이용한 수치해석법을 익히는 것이 학생들에게 훨씬 도움이 될 것이라고 생각한다. Excel VBA는 PC에서 Office를 사용하는 독자라면 누구나 자유자재로 쓸 수 있다. 간단한 프로그램이므로 이 책의 예제를 그대로 사용해 보기 바란다.

　세 번째 특징은 부록에 주요한 역학의 차원해석을 설명한 것이다. 이공학 분야에서 중요한 것은 뭐니 뭐니 해도 '단위'이다. 모든 단위는 문자식의 계산 요령으로 유도할 수 있다. 단위를 확인하면 오류를 미연에 방지할 수 있고, 단위를 완벽하게 알면 훨씬 깊게 이해할 수 있어 자신감이 붙게 된다.

　이 책은 수학적 엄밀성보다는 공학적인 실용성의 관점에서 정리하였다. 저자는 현역 시절부터 연구와 교육에 힘써온 경험에 비추어 보았을 때, 이 책에 요약된 정도의 수학 실력만 갖춘다면 사회에 나가서 수학 때문에 곤란한 일은 없을 것이다. 이 책이 이공학부에 진학하여 수학에서 어려움을 겪는 학생들에게 도움이 되길 바란다.

역자의 말 >>>

대학의 기계공학과에 입학한 학생들이 처음으로 접하는 수학 관련 강의는 대부분 '공업수학(Advanced Engineering Mathematics)'이라는 명칭을 사용하는 교과목일 것이다. 수학이라는 과목 자체가 주는 부담감도 크지만 공업과 수학이라는 용어가 같이 있으니 배우기 전부터 '공업수학'은 매우 어려운 과목이라는 선입견이 들 수밖에 없다. 또한, 특성화 고등학교나 인문계 고등학교 문과 출신의 일부 학생들이 기계공학과에 입학하면서 수학 공부에 대한 어려움을 겪고 있는 것도 사실이다.

학과에서 전공 강의를 맡고 있는 교수님들로부터 갈수록 신입생들의 기초수학능력이 떨어져 수업 진행에 많은 어려움이 있다는 말씀을 자주 듣곤 한다. 실제로 대학에서는 이러한 수학 학습능력 부진자를 대상으로 방과 후 보충학습이나 선배들과 함께 공부하는 튜터링 제도의 활용 등 수학능력을 향상시키기 위한 다양한 노력을 기울이고 있는 실정이다.

이러한 상황에서 이 책은 기초수학능력이 부족한 학생들도 쉽게 이해할 수 있도록 각 장마다 예제 풀이를 중심으로 내용 설명을 하고 있다. 기계공학도가 반드시 알아야 할 수의 체계, 지수, 로그, 삼각함수, 미적분, 행렬 등의 수학적 지식과 이를 기계공학 분야에서 응용할 수 있는 많은 예제를 수록하여 학습자의 이해를 돕도록 하였다. 또한, Excel VBA를 이용한 미분방정식의 해석 기법을 소개하여 수업시간에 PC를 활용한 수업으로 간단한 수치해석을 익힐 수 있도록 내용을 구성하였다. 부록에서는 기계공학 분야에서 주로 다루는 물리량의 단위와 차원의 개념에 대한 설명을 수록하고 있어 정역학, 동역학, 재료역학, 열역학, 유체역학 등 전공 교과목의 학습 이해도가 향상될 것으로 기대한다.

이 책의 원서는 일본의 대학에서 사용되는 교재이기 때문에 한자로 된 전문용어는 국내에서 사용하는 수학 용어로 번역하였으나 문체의 일본식 표현 등은 우리말 정서에 맞게 표현을 순화하여 의역하였다. 수학적 엄밀성보다는 공학적 실용성을 중시하는 원저자의 교육적 철학을 존중하려고 하였으나 부족한 점은 향후 개정판을 통해 보완해 나갈 생각이다. 아무쪼록 본 교재가 기계공학도들에게 수학에 흥미를 가지고 전공 교과목 학습을 하는 데 도움이 되었으면 하는 바람이다.

끝으로 수요가 많지 않은 전문교재임에도 불구하고 흔쾌히 출판을 허락해주신 동양북스의 김태웅 대표님과 나재승 이사님 그리고 편집부 여러분께 깊은 감사의 말씀을 전한다.

황규대 드림

목 차 >>>

목 차 ⟫⟫⟫

제1장 기초 수학 ≫

1-1 수의 체계

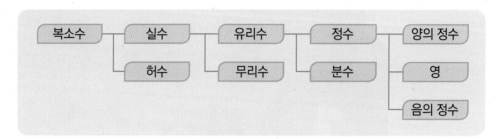

그림 1.1 수의 체계

먼저 수의 체계를 나타내었다. 일반적으로 이공학 분야에서 대상이 되는 수의 범위는 복소수까지이다.

초등학교 이후, 산수나 수학에서 학년이 올라감에 따라 다루는 수의 범위가 넓어진다. 양의 정수는 1, 2, 3,… 이라는 수로 자연수라고 한다. 자연수에 0이라는 숫자가 추가로 발견되고, 아울러 −1, −2, −3, … 이라는 음의 정수가 나온다. 양의 정수, 영, 음의 정수를 합쳐 정수라 부른다. 이 정수에 대해 분수가 나온다. $\frac{1}{2}$, $\frac{1}{3}$,…과 같은 숫자이다. 물론 분수에도 양(+)과 음(−)이 있다.

정수와 분수를 합쳐 유리수라고 한다. 유리수란 정수끼리의 비 $\frac{a}{b}$로 표현할 수 있는 수라는 뜻이다. $\frac{a}{b}$의 형태로 된 분수는 정수나 유한소수 또는 순환소수가 된다. 이러한 것이 유리수이다. 또한, 소수에는 무한소수라는 것이 있다.
예를 들면,

$$
\begin{bmatrix}
\sqrt{2} = 1.414213562 \cdots \\
\sqrt{3} = 1.732050807 \cdots \\
\pi = 3.141592653 \cdots \\
e = 2.718281828 \cdots
\end{bmatrix}
$$

와 같은 수이다. 무한소수는 같은 숫자 패턴이 반복되지 않고 무한하게 계속된다. 이러한 무한소수를 합쳐 무리수라고 부른다. 무리수는 뒤에 설명할 '이차방정식의 근의 공식' 부분에 나온다. 그리고, π는 원주율, e는 자연로그의 밑수(네이피어 수)라는 고유한 이름이 붙여져 있다.

이차방정식의 근의 공식에서는 근호의 안이 음이 되는 경우가 생긴다. $\sqrt{-2}$, $\sqrt{-3}$, … 과 같은 것으로 제곱을 하면 각각 -2, -3이 되는 수라는 뜻으로, 실수에서는 이러한 경우가 없다. 그러므로 이러한 수를 허수라 하고 $\sqrt{2}\,i$, $\sqrt{3}\,i$와 같이 나타낸다. $i\sqrt{2}$, $i\sqrt{3}$ 이라고도 쓴다. i는 허수 단위라고 부르며

$$i^2 = -1 \tag{1.1}$$

라고 정의한다.

복소수는 실수 성분과 허수 성분을 모두 가진 수를 말한다.

$$z = a + bi \tag{1.2}$$

와 같이 나타낸다. 여기서 a, b는 실수이다. 복소수를 나타내는 기호로는 일반적으로 z가 사용되는데, 이것은 정해진 것이 아니다. 예를 들어 x를 변수로 하는 이차방정식의 해가 복소수가 되는 경우도 있으므로

$$x = 2 \pm \sqrt{3}\,i \tag{1.3}$$

라는 표현도 나온다.

수학에서는 허수 단위를 i로 나타내는데, 제어공학과 전기공학에서는 회로에 흐르는 전류를 일반적으로 i로 표시하므로, 관용적으로 j가 허수 단위로 쓰인다. 또한 복소수 표현도

$$z = a + jb \tag{1.4}$$

로 나타내는 경우가 많으며 허수 단위를 먼저 쓴다. 이것도 정해진 것은 아니지만 이 다음이 허수부라는 것을 명확하게 하기 위해 허수 단위를 먼저 쓰는 경우가 많다.

1-2 식의 계산

1 기본 공식

다음의 기본 공식은 완전히 암기해야 한다.

$$(a+b)^2 = a^2 + 2ab + b^2 \tag{1.5}$$

$$(a-b)^2 = a^2 - 2ab + b^2 \tag{1.6}$$

$$(a+b)(a-b) = a^2 - b^2 \tag{1.7}$$

$$(a+b)^3 = a^3 + 3a^2b + 3ab^2 + b^3 \tag{1.8}$$

$$(a-b)^3 = a^3 - 3a^2b + 3ab^2 - b^3 \tag{1.9}$$

$$(a+b)(a^2 - ab + b^2) = a^3 + b^3 \tag{1.10}$$

$$(a-b)(a^2 + ab + b^2) = a^3 - b^3 \tag{1.11}$$

$$(a+b+c)^2 = a^2 + b^2 + c^2 + 2ab + 2bc + 2ca \tag{1.12}$$

$$(x+a)(x+b) = x^2 + (a+b)x + ab \tag{1.13}$$

$$(ax+b)(cx+d) = acx^2 + (ad+bc)x + bd \tag{1.14}$$

위와 같이 좌변의 형태에서 우변의 형태로 풀어 쓰는 것을 '식의 전개'라고 하고, 우변의 형태에서 좌변의 형태로 바꾸는 것을 '인수분해'라고 한다.

예제 1.1

$(x+1)(x+2)(x+3)(x+4)$를 전개하시오.

해답 제1항과 제4항, 제2항과 제3항을 조합하여 기본 공식 (1.13)을 사용하면

$$(x+1)(x+2)(x+3)(x+4) = \{(x+1)(x+4)\}\{(x+2)(x+3)\}$$
$$= (x^2 + 5x + 4)(x^2 + 5x + 6)$$

이다. 여기서 $x^2 + 5x = A$라고 놓고, 다시 (1.13)식을 사용하면

$$(x^2 + 5x + 4)(x^2 + 5x + 6) = (A+4)(A+6) = A^2 + 10A + 24$$

이다. A를 원래대로 바꾸고 (1.5)식을 사용하여 전개하면

$$(x^2 + 5x + 4)(x^2 + 5x + 6) = (x^2 + 5x)^2 + 10(x^2 + 5x) + 24$$
$$= x^4 + 10x^3 + 35x^2 + 50x + 24$$

예제 1.2

$(a+b)c^3 - (a^2 + ab + b^2)c^2 + a^2 b^2$ 을 인수분해하여라.

해답 문제식은 a, b에 대해서는 2차식, c에 대해서는 3차식으로 되어 있다. 인수분해를 할 때의 기본 요령은 가장 차수가 낮은 문자를 정리하는 것이다. 여기서 a와 b는 같은 2차이므로, 예를 들어 a에 대하여 정리하면

$$(a+b)c^3 - (a^2 + ab + b^2)c^2 + a^2 b^2$$
$$= (b^2 - c^2)a^2 - (bc^2 - c^3)a - b^2 c^2 + bc^3$$

이다. a에 대하여 차수 순으로 정리하는 것을 a를 정리한다고 한다. 여기서 a의 계수의 형태를 맞추어 공통된 항을 찾는다.

a^2의 계수 : (1.7)식을 사용하여 $(b^2 - c^2) = (b+c)(b-c)$

a^1의 계수 : c^2으로 묶어 $-(bc^2 - c^3) = -c^2(b-c)$

a^0의 계수 : bc^2으로 묶어 $-b^2 c^2 + bc^3 = -bc^2(b-c)$

그리고, a^0란 a를 포함하지 않는 항이라는 뜻이다. 여기서 모든 항에 공통된 $(b-c)$를 묶어내면

$$(b^2 - c^2)a^2 - (bc^2 - c^3)a - b^2 c^2 + bc^3$$
$$= (b+c)(b-c)a^2 - c^2(b-c)a - bc^2(b-c)$$
$$= (b-c)\{(b+c)a^2 - c^2 a - bc^2\}$$

이다.

다음에 { } 안을 다시 인수분해한다. 이번에는 a와 c는 2차, b는 1차이므로 { } 안을 b에 대하여 정리하면

$$\{(b+c)a^2 - c^2 a - bc^2\} = \{(a^2 - c^2)b + ca^2 - c^2 a\}$$

이다. 방금처럼 b의 계수 형태를 맞추어

b^1의 계수 : (1.7)식을 사용하여 $(a^2 - c^2) = (a+c)(a-c)$

b^0의 계수 : ca로 묶어 $ca^2 - c^2 a = ca(a-c)$

여기서 $(a-c)$를 묶어내면

$$\{(a^2 - c^2)b + ca^2 - c^2 a\} = \{(a-c)(a+c)b + ca(a-c)\}$$
$$= (a-c)\{(a+c)b + ca\} = (a-c)(ab + bc + ca)$$

이다. 이상의 계산을 모두 쓰면 주어진 식의 인수분해는

$$(a+b)c^3 - (a^2 + ab + b^2)c^2 + a^2 b^2$$

$$= (b^2 - c^2)a^2 - (bc^2 - c^3)a - b^2c^2 + bc^3$$

$$= (b + c)(b - c)a^2 - c^2(b - c)a - bc^2(b - c)$$

$$= (b - c)\{(b + c)a^2 - c^2a - bc^2\}$$

$$= (b - c)\{(a^2 - c^2)b + ca(a - c)\}$$

$$= (b - c)(a - c)(ab + bc + ca)$$

가 된다.

인수분해의 가장 기본적인 방법은 차수가 가장 낮은 문자를 정리하는 것인데, 이 밖에도 인수분해에는 다양한 기술이 있다. 이공학에서 특히 효과적인 방법은 다음 인수정리를 이용하는 방법이다.

2 인수정리

변수 x에 관한 함수

$$f(x) = a_0 x^n + a_1 x^{n-1} + \cdots + a_{n-1}x + a_n \tag{1.15}$$

에서 $f(\alpha) = 0$이면 α는 방정식 $f(x) = 0$의 해가 된다. 이때 함수 $f(x)$는

$$f(x) = (x - \alpha)g(x) \tag{1.16}$$

로 나타낼 수 있다. 여기서 $g(x)$는 $f(x)$보다 차수가 하나 내려간 함수이다. 위와 같은 것을 인수정리라고 한다.

예제 1.3

$f(x) = x^4 + 10x^3 + 35x^2 + 50x + 24$를 인수분해하여라.

해답 $f(-1) = 1 - 10 + 35 - 50 + 24 = 0$이므로 $f(x)$에는 인수 $(x + 1)$이 포함되어 있다. 그래서 $f(x)$에서 $(x + 1)$을 묶어내는 간단한 방법으로 최대 차수의 계수만 합쳐서 $(x + 1)$로 묶는다. 이 예제에서는 최고 차수가 x^4이므로, 우선 $x^3(x + 1)$이라는 항을 생각한다. 여기서 x^3을 한 번 사용했으므로 x^3항의 나

$$x^4 + 10x^3 + 35x^2 + 50x + 24$$

$x^3(x + 1)$

$10 - 1$

$9x^2(x + 1)$

$35 - 9$

$26x(x + 1)$

$50 - 24$

$24(x + 1)$

머지는 9가 된다.

따라서 다음 항은 $9x^2(x+1)$이 되는 것이다. 인수 $(x+1)$이 포함되어 있다는 것은 이 방법으로 $(x+1)$을 묶어내면 마지막 계수는 반드시 계산이 맞게 된다는 것이다. 계산 도중에 더한 계수는 다음 항에서 빼면 되고 $f(x)$를 $(x+1)$로 나눌 필요는 없다.

$$f(x) = x^4 + 10x^3 + 35x^2 + 50x + 24$$

$$= x^3(x+1) + 9x^2(x+1) + 26x(x+1) + 24(x+1)$$

$$= (x+1)(x^3 + 9x^2 + 26x + 24)$$

다음에, $g(x) = x^3 + 9x^2 + 26x + 24$로 놓으면

$$g(-2) = -8 + 36 - 52 + 24 = 0$$

따라서 $g(x)$에는 인수 $(x+2)$가 포함되어 있다. 그래서

$$g(x) = x^2(x+2) + 7x(x+2) + 12(x+2)$$

$$= (x+2)(x^2 + 7x + 12)$$

이다. 2차식의 인수분해는 (1.13)식을 역으로 사용하여

$$x^2 + 7x + 12 = (x+3)(x+4)$$

이 적당한 인수가 없으면 정수 범위에서는 인수분해가 불가능하다.

따라서 예제의 해는

$$f(x) = (x+1)(x+2)(x^2 + 7x + 12) = (x+1)(x+2)(x+3)(x+4)$$

가 된다. 인수를 찾기 위해서는 적당한 값을 대입해 보는 방법 밖에 없다. 찾기 어려울 때는 Excel로 함수 그래프를 그려 보면 대략적인 예상이 가능하다.

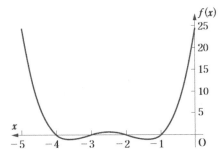

이 예의 $f(x)$ 그래프는 위의 그림과 같다.

3 항등식

변수 x에 대한 2차식의 예로 설명하면 모든 x 값에 대해

$$ax^2 + bx + c = a'x^2 + b'x + c' \tag{1.17}$$

이 성립할 때 (1.17)식을 변수 x에 대한 항등식이라고 한다. 또한 (1.17)식이 항등식이기 위한 필요충분조건은 (1.18)식이 성립하는 것이다.

$$a = a', \; b = b', \; c = c' \tag{1.18}$$

예제 1.4

x의 다항식 $x^4 + x^3 - x^2 + ax + b$가 어떤 2차식의 제곱이 될 때 실수 a, b를 구하여라.

해답 x^4의 계수가 1이므로 어떤 2차식을 $x^2 + px + q$로 놓으면

$$x^4 + x^3 - x^2 + ax + b = (x^2 + px + q)^2$$

이다. (1.12)식을 이용하여 우변을 전개하면

$$x^4 + x^3 - x^2 + ax + b = x^4 + 2px^3 + (p^2 + 2q)x^2 + 2pqx + q^2$$

이다. 이것은 모든 x의 값에 대해 성립해야 하므로 항등식이다. 따라서 (1.18)식에서 양변의 계수를 비교하여

$$2p = 1 \;, \; p^2 + 2q = -1 \;, \; 2pq = a \;, \; b = q^2$$

따라서

$$p = \frac{1}{2} \;, \; q = -\frac{5}{8} \;, \; a = -\frac{5}{8}, \; b = \frac{25}{64}$$

4 부분분수

$$\frac{1}{x^2 + 3x + 2} = \frac{1}{(x+1)(x+2)} = \frac{1}{x+1} - \frac{1}{x+2}$$

과 같이 분수를 분모의 인수의 합으로 전개하는 것을 '부분분수로 전개한다'라고 말한다. 일반적으로는 인수가 실수 범위에서 전개하는데, 복소수 범위에서 전개하기도 한다. 분자의 계수는 좌변과 우변을 항등식으로 보고 결정할 수 있다.

예제 1.5

$\dfrac{1}{x^2 + x - 2}$ 을 부분분수로 전개하여라.

해답 분모를 인수분해하면 (1.13)식에서 $x^2 + x - 2 = (x+2)(x-1)$이므로

$$\frac{1}{x^2 + x - 2} = \frac{a}{x-1} + \frac{b}{x+2}$$

로 전개한다. 우변을 통분하여

$$\frac{1}{x^2 + x - 2} = \frac{(a+b)x + 2a - b}{x^2 + x - 2}$$

이다. 분모가 같아지는 것이 당연하다. 그래서 분자끼리 항등식이라고 보면 x의 계수는 0, x^0의 계수는 1이므로

$$\left. \begin{array}{c} a + b = 0 \\ 2a - b = 1 \end{array} \right\} \text{에서} \quad a = \frac{1}{3} \;, \; b = -\frac{1}{3}$$

이다. 따라서

$$\frac{1}{x^2 + x - 2} = \frac{1}{3}\left(\frac{1}{x-1} - \frac{1}{x+2} \right)$$

예제 1.6

$\dfrac{1}{x^3 + x^2 - x - 1}$ 을 부분분수로 전개하여라.

해답 $f(x) = x^3 + x^2 - x - 1$로 놓고 인수정리를 이용하여 인수분해를 하면

$x^3 + x^2 - x - 1 = (x+1)^2(x-1)$이므로

$\dfrac{1}{x^3 + x^2 - x - 1} = \dfrac{a}{(x+1)^2} + \dfrac{b}{x+1} + \dfrac{c}{x-1}$로 전개된다. 분모의 인수에 $(x+a)^n$

형태가 있을 때는 $(x+a), (x+a)^2, \cdots, (x+a)^n$의 모든 인수를 생각해야 한다. 이 경우, $(x+a)^2$가 있으므로 $(x+a)^2$에 관한 분모의 인수는 $(x+a)$와 $(x+a)^2$이 된다. 그래서 우변을 통분한다.

$$\frac{a}{(x+1)^2} + \frac{b}{x+1} + \frac{c}{x-1} = \frac{a(x-1) + b(x+1)(x-1) + c(x+1)^2}{x^3 + x^2 - x - 1}$$

$$= \frac{(b+c)x^2 + (a+2c)x + (-a-b+c)}{x^3 + x^2 - x - 1}$$

분자끼리를 항등식으로 보고 x^2과 x^1의 계수는 0, x^0의 계수를 1로 놓는다.

$$b + c = 0$$
$$a + 2c = 0$$
$$-a - b + c = 1 \Bigg\} \text{에서 } a = -\frac{1}{2}, \ b = -\frac{1}{4}, \ c = \frac{1}{4}$$

$$\frac{1}{x^3 + x^2 - x - 1} = -\frac{1}{2(x+1)^2} - \frac{1}{4(x+1)} + \frac{1}{4(x-1)}$$

5 부등식

부등식으로 유명한 것에 산술평균과 기하평균의 관계가 있다.

$$\frac{x+y}{2} \geq \sqrt{xy} \ (x > 0, y > 0) \tag{1.19}$$

좌변을 산술평균, 우변을 기하평균이라고 한다.

예제 1.7

(1.19)식을 설명하여라.

해답 (1.19)식은 양변 모두 양의 값이므로 양변을 제곱해도 부등호의 방향은 바뀌지 않는다. 그래서 양변을 제곱하여 차를 구하면

$$\left(\frac{x+y}{2}\right)^2 - (\sqrt{xy})^2 = \frac{(x+y)^2 - 4xy}{4} = \frac{x^2 - 2xy + y^2}{4} = \frac{(x-y)^2}{4}$$

이다. 여기서 $(x-y)^2 \geq 0$이므로

$$\left(\frac{x+y}{2}\right)^2 - (\sqrt{xy})^2 \geq 0$$

이 된다. 이항하여 양변의 제곱근을 구하면

$$\frac{x+y}{2} \geq \sqrt{xy}$$

이다.

 복소수

복소수의 연산에서는 허수 기호의 곱이 발생하였을 때

$$i^2 = -1 \tag{1.20}$$

이라는 규칙이 추가될 뿐이다. 사칙연산의 공식은 (1.21)식과 같다.

$$(a+ib) \pm (c+id) = (a \pm c) + i(b \pm d)$$

$$(a+ib)(c+id) = (ac-bd) + i(ad+bc)$$

$$\frac{c+id}{a+ib} = \frac{c+id}{a+ib} \cdot \frac{a-ib}{a-ib} = \frac{(ac+bd)}{a^2+b^2} + i\frac{ad-bc}{a^2+b^2} \tag{1.21}$$

가로축에 실수, 세로축에 허수를 취한 평면을 복소평면이라고 한다. 그림 1.2에서 Re는 실수(Real Number), Im은 허수(Imaginary Number)라는 뜻이다. 복소평면에서 실축에 대하여 대칭인 복소수

$$z = x+iy, \ \bar{z} = x-iy \tag{1.22}$$

를 켤레복소수라고 한다. 여기서 x, y는 실수이다. $\bar{z}$는 복소수 z의 켤레복소수라는 기호이다. $\bar{z}$가 아니라 z^*라고 쓰는 사람도 있다.

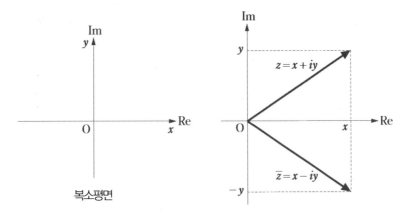

그림 1.2 복소평면과 켤레복소수

(1.22)식의 양변을 각각 가감하면 (1.23)식이 얻어진다.

$$x = \frac{z+\bar{z}}{2}, \ y = \frac{z-\bar{z}}{2i} \tag{1.23}$$

복소수의 표현 형식으로 직교좌표 형식 $z = x+iy$ 외에 극좌표 형식인

$$z = re^{i\theta} \tag{1.24}$$

가 있다. 복소평면상의 한 점을 표현하는 데 위치 벡터의 절댓값 r과 위상각 θ로 표현하는 방법이다.

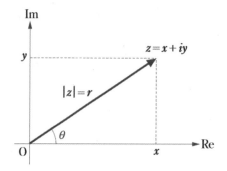

그림 1.3 직교좌표 표시와 극좌표 표시

직교좌표 형식은 오일러의 공식으로 나타낸다. 오일러의 공식은

$$e^{i\theta} = \cos\theta + i\sin\theta, \ e^{-i\theta} = \cos\theta - i\sin\theta \tag{1.25}$$

이다. 이 공식을 이용하면

$$z = re^{i\theta} = r(\cos\theta + i\sin\theta), \ \bar{z} = re^{-i\theta} = r(\cos\theta - i\sin\theta) \tag{1.26}$$

이므로

$$x = r\cos\theta, \ y = r\sin\theta \tag{1.27}$$

의 관계가 된다. 역으로 극좌표 형식의 r, θ는 (1.28)식이다.

$$r = \sqrt{x^2 + y^2}, \ \theta = \tan^{-1}\frac{y}{x} \tag{1.28}$$

또한, 드무아브르의 정리(De Moivre's theorem)에 따라

$$z = r(\cos\theta + i\sin\theta) \tag{1.29}$$
$$z^n = r^n(\cos\theta + i\sin\theta)^n = r^n(\cos n\theta + i\sin n\theta)$$

가 성립된다(증명은 예제 1.14).

그리고 오일러의 공식에서

$$\cos\theta = \frac{e^{i\theta} + e^{-i\theta}}{2} \tag{1.30}$$

$$\sin\theta = \frac{e^{i\theta} - e^{-i\theta}}{2i} \tag{1.31}$$

라는 공식도 얻을 수가 있다. 삼각함수에 대해서는 1.7절을 참조하기 바란다.

예제 1.8

$\sqrt{-2} \cdot \sqrt{-3}$ 을 계산하여라.

해답

$$\sqrt{-2} \cdot \sqrt{-3} = i\sqrt{2} \cdot i\sqrt{3} = i^2\sqrt{6} = -\sqrt{6}$$

주의: $\sqrt{-2} \cdot \sqrt{-3} = \sqrt{(-2)(-3)} = \sqrt{6}$ 으로 계산해서는 안 된다.

$\sqrt{a} \cdot \sqrt{b} = \sqrt{ab}$, $\dfrac{\sqrt{b}}{\sqrt{a}} = \sqrt{\dfrac{b}{a}}$ 가 성립하는 것은 $a>0$, $b>0$일 때뿐이다.

$a<0$, $b<0$일 때는 처음에 허수 단위 i로 고친 후에 계산한다.

예제 1.9

$\dfrac{\sqrt{15}}{\sqrt{-3}}$ 를 계산하여라.

해답

$$\frac{\sqrt{15}}{\sqrt{-3}} = \frac{\sqrt{15}}{i\sqrt{3}} = \frac{1}{i} \cdot \frac{i}{i} \frac{\sqrt{15}}{\sqrt{3}} = -i\sqrt{\frac{15}{3}} = -i\sqrt{5}$$

주의: 여기서도 $\dfrac{\sqrt{15}}{\sqrt{-3}} = \sqrt{\dfrac{15}{-3}} = \sqrt{-5} = i\sqrt{5}$ 라고 계산해서는 안 된다.

또한, 분모에 허수 단위가 남아 있는 경우에는 분모를 실수로 만들어야 한다.

예제 1.10

$\dfrac{1}{a+ib}$ 의 분모를 실수로 만들어라.

해답 (1.21)식의 제3식과 같은 원리로 분모를 실수로 만들기 위해서는 분모, 분자에 켤레 복소수를 곱한다.

$$\frac{1}{a+ib} = \frac{1}{a+ib} \cdot \frac{a-ib}{a-ib} = \frac{a-ib}{a^2+b^2} = \frac{a}{a^2+b^2} - i\frac{b}{a^2+b^2}$$

또한, $(a+ib)(a-ib) = a^2 - (ib)^2 = a^2 + b^2$이다. 이것은 (1.7)식에서 b가 복소수인 경우이지만, (1.20)식의 $i^2 = -1$이라는 규칙만 지킨다면 (1.5)~(1.14)의 공식은 복소수인 경우에도 모두 성립한다.

예제 1.11

$\dfrac{1+i\sqrt{5}}{2+i\sqrt{5}}$ 의 분모를 실수로 만드시오.

해답

분모의 켤레복소수 $(2-i\sqrt{5})$ 를 분자와 분모에 모두 곱한다.

$$\frac{1+i\sqrt{5}}{2+i\sqrt{5}} = \frac{1+i\sqrt{5}}{2+i\sqrt{5}} \cdot \frac{2-i\sqrt{5}}{2-i\sqrt{5}} = \frac{(1+i\sqrt{5})(2-i\sqrt{5})}{2^2 - (i\sqrt{5})^2} = \frac{7}{9} + i\frac{\sqrt{5}}{9}$$

예제 1.12

복소수 $z = -2 + i2\sqrt{3}$ 을 극좌표 형식으로 나타내어라.

해답 (1.28)식에서

$$r = |z| = \sqrt{(-2)^2 + (2\sqrt{3})^2} = 4$$

$$\theta = \angle z = \frac{\pi}{6} + \frac{\pi}{2} = \frac{2}{3}\pi$$

이다. 따라서 (1.24)식에 의해 $z = 4e^{i\frac{2}{3}\pi}$ 가 된다.

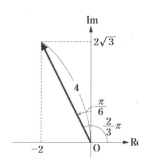

예제 1.13

복소수 $z = 2e^{-i\frac{1}{3}\pi}$ 를 직교좌표 형식으로 나타내어라.

해답 (1.26)식에서

$$z = 2e^{-i\frac{1}{3}\pi} = 2\left\{\cos\left(\frac{1}{3}\pi\right) - i\sin\left(\frac{1}{3}\pi\right)\right\}$$

$$= 1 - i\sqrt{3}$$

이다. 또한 $\cos\dfrac{1}{3}\pi = \dfrac{1}{2}, \quad \sin\dfrac{1}{3}\pi = \dfrac{\sqrt{3}}{2}$ 이다.

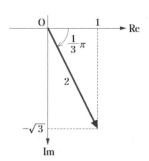

예제 1.14

드무아브르의 정리 (1.29)식을 증명하여라.

해답 드무아브르의 정리는 수학적 귀납법을 이용하여 증명할 수 있다.

$$z^n = r^n(\cos\theta + i\sin\theta)^n = r^n(\cos n\theta + i\sin n\theta)$$를 증명한다.

먼저 $n = 1$일 때

$$z = r(\cos\theta + i\sin\theta)$$

가 되고 이것은 참이다.

그 다음으로 $n = k$일 때도 성립한다고 가정하면

$$z^k = r^k(\cos k\theta + i\sin k\theta)$$

이다. 이때

$$
\begin{aligned}
z^{k+1} &= r^k(\cos k\theta + i\sin k\theta) \cdot r(\cos\theta + i\sin\theta) \\
&= r^{k+1}\{(\cos k\theta\cos\theta - \sin k\theta\sin\theta) \\
&\qquad + i(\sin k\theta\cos\theta + \cos k\theta\sin\theta)\} \\
&= r^{k+1}\{\cos(k+1)\theta + i\sin(k+1)\theta\}
\end{aligned}
$$

이다. 따라서 $n = k$일 때 성립한다고 가정하면 $n = k+1$일 때도 성립한다. 즉, 드무아브르의 정리는 증명된 것이다. 그리고 식을 변형하여 삼각함수의 가법정리로도 사용하고 있다.

예제 1.14와 같이

$n = 1$일 때 참이다.

$n = k$일 때 참이라고 가정하면

$n = k+1$일 때도 참이다.

라는 증명 방법을 수학적 귀납법이라고 한다.

예제 1.15

실수 x, y에 대하여 $(1+i)y^2 + (x-i)y + 2(1-xi) = 0$이 성립할 때의 x, y를 구하여라.

해답 우선 실수와 허수로 정리한다.

$$(y^2 + xy + 2) + i(y^2 - y - 2x) = 0$$

이 등식이 성립하기 위해서는 좌변의 실수부, 허수부가 모두 0이어야 한다.

따라서

$$y^2 + xy + 2 = 0 \quad ①$$

$$y^2 - y - 2x = 0 \quad ②$$

이다. 이 연립방정식의 해는 ①식 − ②식에서

$$y(x+1) + 2(x+1) = 0$$

$$(x+1)(y+2) = 0$$

이다. 따라서 해는 $x = -1$ 또는 $y = -2$가 된다.

$x = -1$일 때, ①식 또는 ②식에 대입하면 $y^2 - y + 2 = 0$이 되고,

판별식 $D = 1 - 8 < 0$이므로 y는 허수가 된다. 따라서 실수 x, y라는 문제의 뜻에

위배된다. 판별식에 대해서는 1.4절에 기술되어 있다.

$y = -2$일 때는 ①식 또는 ②식에 대입하면 $x = 3$이 얻어져 x, y 모두 실수이다.

따라서 문제의 뜻을 충족하는 해는 아래와 같다.

$$x = 3, \quad y = -2$$

예제 1.16

$n \geq 2$인 자연수에 대하여 $h > 0$이면 $(1+h)^n > 1 + nh$가 성립하는 것을 수학적 귀납법을 이용하여 증명하여라.

해답 $n = 2$일 때 $(1+h)^2 = 1 + 2h + h^2 > 1 + 2h$이므로 참이다.

$n = k$일 때 $(1+h)^k > 1 + kh$가 성립한다고 가정하면 $n = k+1$일 때

$$(1+h)^{k+1} = (1+h)(1+h)^k > (1+h)(1+kh)$$

$$= \{1 + (k+1)h + kh^2\} > 1 + (k+1)h$$

따라서 명제가 참이라는 것이 증명되었다.

1-4 일차함수·이차함수의 체계

독립변수 x의 값에 따라 종속변수 y의 값이 변하는 것이 함수이다. 일차함수는 XY 평면에서의 직선을, 이차함수는 포물선을 나타낸다.

일차함수 $y = ax + b$ (a, b 는 정수이고 $a \neq 0$)   (1.32)

이차함수 $y = ax^2 + bx + c$ (a, b, c 는 정수이고 $a \neq 0$)   (1.33)

독립변수 x의 함수라는 뜻으로

$$f(x) = ax + b \tag{1.34}$$

$$f(x) = ax^2 + bx + c \tag{1.35}$$

라고도 나타낸다. $f(x) = 0$이라고 놓은 식을 방정식이라고 한다.

$$ax + b = 0 \tag{1.36}$$

$$ax^2 + bx + c = 0 \tag{1.37}$$

일차방정식은 1개의 근, 이차방정식은 2개의 근을 가진다.

1 이차방정식의 근의 공식

(1.37)식에서 2개의 근은

$$x = \frac{-b \pm \sqrt{b^2 - 4ac}}{2a} \tag{1.38}$$

로 나타내어진다. (1.38)식을 이차방정식의 근의 공식이라고 부른다.

$$D = b^2 - 4ac \tag{1.39}$$

를 판별식이라고 하고

$D > 0$ 서로 다른 2개의 실근

$D = 0$ 중복된 1개의 실근(중근)

$D < 0$ 서로 다른 2개의 허근

을 가진다.

근의 공식 (1.38)식은 (1.37)식을 약간의 기교를 발휘하여

$$x^2 + \frac{b}{a}x + \frac{c}{a} = 0$$

$$x^2 + \frac{b}{a}x + \left(\frac{b}{2a}\right)^2 = \left(\frac{b}{2a}\right)^2 - \frac{c}{a}$$

로 하고, 좌변을 $\left(x + \dfrac{b}{2a}\right)^2$ 의 형태로 변형하여 얻을 수 있다.

$$\left(x + \frac{b}{2a}\right)^2 = \frac{b^2 - 4ac}{4a^2}$$

$$x + \frac{b}{2a} = \pm\sqrt{\frac{b^2 - 4ac}{4a^2}}$$

$$x = -\frac{b}{2a} \pm \sqrt{\frac{b^2 - 4ac}{4a^2}} = \frac{-b \pm \sqrt{b^2 - 4ac}}{2a} \tag{1.40}$$

2 근과 계수의 관계

이차방정식의 2개의 근을 α, β라고 한다.

$$f(x) = a\left(x^2 + \frac{b}{a}x + \frac{c}{a}\right) = a(x - \alpha)(x - \beta) = a\{x^2 - (\alpha + \beta)x + \alpha\beta\} \tag{1.41}$$

에서 계수를 비교하여

$$\alpha + \beta = -\frac{b}{a}, \quad \alpha\beta = \frac{c}{a} \tag{1.42}$$

의 관계를 얻을 수 있다. (1.42)식을 이차방정식의 근과 계수의 관계라고 한다.

3 일차함수의 그래프

일차함수 $y = ax + b$의 그래프는 직선이 된다. a는 직선의 기울기를 나타내고, b는 y축과의 교점(y 절편)을 나타낸다.

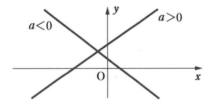

그림 1.4 일차함수의 그래프

4 이차함수의 그래프

$$f(x) = a\left(x^2 + \frac{b}{a}x + \frac{c}{a}\right) = a\left\{\left(x + \frac{b}{2a}\right)^2 - \frac{b^2 - 4ac}{4a^2}\right\} \tag{1.43}$$

의 그래프는 a의 음양($+$, $-$)에 따라 달라지며, 그림 1.5와 같이 된다. 즉 $a > 0$일 때는

아래로 볼록하고, $a < 0$일 때는 위로 볼록한 포물선이 된다. 꼭짓점의 좌표는 (1.43)식에서

$$\left(-\frac{b}{2a}, \ -\frac{D}{4a}\right)$$

가 된다. 여기서 D는 판별식으로 (1.39)식을 가리킨다.

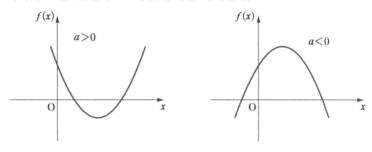

그림 1.5 이차함수의 그래프

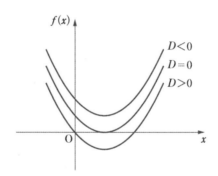

그림 1.6 이차방정식의 근

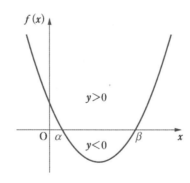

그림 1.7 이차부등식의 근

이차방정식의 근은 $y = 0$인 경우이므로, 이차함수의 그래프와 x축의 교점이 된다. $a > 0$인 경우로 생각하면 그림 1.6이다. $D < 0$인 경우는 x축과의 교점이 없으므로 허근이 된다.

5 이차함수의 부등식

α, β가 실수이고 $\alpha < \beta$라고 할 때

$$(x-\alpha)(x-\beta) \geq 0$$의 근은 $x \leq \alpha$ 또는 $x \geq \beta$ \hfill (1.44)

$$(x-\alpha)(x-\beta) \leq 0$$의 근은 $\alpha \leq x \leq \beta$ \hfill (1.45)

(1.44)식, (1.45)식은 그림 1.7을 참조. $f(x) = (x-\alpha)(x-\beta)$는 x에 대하여 2차식이고 x^2의 계수가 양수이므로 아래로 볼록한 포물선이고, x축($f(x) = 0$)과의 교점은 α, β이다. 이때

$$f(x) \geq 0$$이 되는 x의 영역은 $x \leq \alpha$ 또는 $x \geq \beta$

$$f(x) \leq 0$$이 되는 x의 영역은 $\alpha \leq x \leq \beta$

예제 1.17

이차방정식 $x^2 + ax + b = 0$이 0이 아닌 근 α, β를 가지고,

$$\alpha^2 + \beta^2 = 3, \quad \frac{1}{\alpha} + \frac{1}{\beta} = 1$$

이 성립할 때 a, b의 값을 구하시오.

해답 먼저 주어진 식을 변형해 둔다.

$$\alpha^2 + \beta^2 = (\alpha + \beta)^2 - 2\alpha\beta = 3$$

$$\frac{1}{\alpha} + \frac{1}{\beta} = \frac{\alpha + \beta}{\alpha\beta} = 1$$

여기서 근과 계수의 관계에서 $\alpha + \beta = -a$, $\alpha\beta = b$를 대입하여

$$a^2 - 2b = 3 \hfill ①$$

$$\frac{a}{b} = -1 \hfill ②$$

을 얻을 수 있다. ②식에서 $a = -b$로 하여 ①식에 대입하면

$$b^2 - 2b - 3 = (b-3)(b+1) = 0$$

이다. 따라서 $b = 3$, -1이므로 이것을 ②식에 대입하여

$$(a, b) = (1, -1), \ (-3, 3)$$

을 얻을 수 있다.

예제 1.18

실수 x, y가 $\dfrac{x^2}{4}+y^2=1$을 충족할 때 $x+3y^2$의 최댓값과 이때의 x의 값을 구하여라.

해답 우선 x, y는 실수라는 조건이 있다. 따라서 $\dfrac{x^2}{4}+y^2=1$에서 $y^2=1-\dfrac{x^2}{4}$으로 하

고, $y^2 \geq 0$이어야하므로, $y^2=1-\dfrac{x^2}{4} \geq 0$에서 $x^2-4=(x+2)(x-2) \leq 0$이고,

$-2 \leq x \leq 2$가 된다((1.45)식 참조). 따라서 $y^2=1-\dfrac{x^2}{4}$을 $x+3y^2$에 대입하면,

$$x+3y^2=x+3\left(1-\dfrac{x^2}{4}\right)=-\dfrac{3}{4}x^2+x+3$$

$$=-\dfrac{3}{4}\left\{\left(x-\dfrac{2}{3}\right)^2-4-\left(\dfrac{2}{3}\right)^2\right\}$$

이다. 이 변형 방법은 (1.43)식과 같다. 이 그래프는 x^2의 계수가 음수이므로 위로

볼록한 이차함수로 최댓값은 $x=\dfrac{2}{3}$일 때이며, $-\dfrac{3}{4}\left\{-4-\left(\dfrac{2}{3}\right)^2\right\}=\dfrac{10}{3}$이다. 이 x

의 값은 실수 조건 $-2 \leq x \leq 2$를 충족하므로 $x=\dfrac{2}{3}$일 때 $x+3y^2$의 최댓값은

$\dfrac{10}{3}$이 근이 된다. 또한, 실수 조건으로는 $x^2 \geq 0$을 사용하여 $-1 \leq y \leq 1$로 해도

상관없지만, 문제식을 y에 관한 이차함수로는 표현할 수 없으므로 이 문제의 경우는

부적절하다.

예제 1.19

이차방정식 $x^2-2x+2=0$의 2개의 근을 α, β라고 할 때, $f(\alpha)=2\beta$, $f(\beta)=2\alpha$,

$f(2)=2$를 충족하는 이차함수 $f(x)$를 구하여라.

해답 근과 계수의 관계에서

$$\alpha+\beta=2 \ , \ \alpha\beta=2 \qquad\qquad\qquad ①$$

이고, 또한 $x^2-2x+2=0$의 2개의 근은 상이한 허수이므로 $\alpha \neq \beta$이다.

구하는 이차함수를 $f(x)=ax^2+bx+c$로 놓으면

$$f(\alpha) = a\alpha^2 + b\alpha + c = 2\beta \qquad\qquad ②$$

$$f(\beta) = a\beta^2 + b\beta + c = 2\alpha \qquad\qquad ③$$

$$f(2) = 4a + 2b + c = 2 \qquad\qquad ④$$

이다. ②식과 ③식의 합에서

$$a(\alpha^2 + \beta^2) + b(\alpha + \beta) + 2c = 2(\alpha + \beta)$$

여기서 $\alpha^2 + \beta^2 = (\alpha + \beta)^2 - 2\alpha\beta = 4 - 4 = 0$이므로

$$b + c = 2 \qquad\qquad ⑤$$

또한, ②식과 ③식의 차에서

$$a(\alpha^2 - \beta^2) + b(\alpha - \beta) = -2(\alpha - \beta)$$

$\alpha^2 - \beta^2 = (\alpha + \beta)(\alpha - \beta)$이므로 $\alpha \neq \beta$의 조건을 사용하여 $(\alpha - \beta)$로 나누면

$$2a + b = -2 \qquad\qquad ⑥$$

이다. ④, ⑤, ⑥식의 연립방정식을 풀어 $a = 1$, $b = -4$, $c = 6$이 된다. 따라서

$$f(x) = x^2 - 4x + 6$$

예제 1.20

$f(x) = x^4 - 5x^3 + 6x^2 - 10x + 8$을 복소수의 범위에서 인수분해하여라.

해답 $f(1) = 1 - 5 + 6 - 10 + 8 = 0$이므로 $f(x)$는 인수 $(x-1)$을 포함한다.

$$f(x) = x^3(x-1) - 4x^2(x-1) + 2x(x-1) - 8(x-1)$$

$$= (x-1)(x^3 - 4x^2 + 2x - 8)$$

다음으로, $g(x) = x^3 - 4x^2 + 2x - 8$로 놓으면 $g(4) = 0$이므로

$$g(x) = x^2(x-4) + 2(x-4) = (x-4)(x^2+2)$$

이다. 따라서

$$f(x) = (x-1)(x-4)(x^2+2) = (x-1)(x-4)(x+i\sqrt{2})(x-i\sqrt{2})$$

 지수함수

$y = a^x$ 형태의 함수를 지수함수라고 부른다. 여기서 a는 $a \neq 1$의 양의 실수이며 밑이라고 부른다. 또한 x는 임의의 실수이며 지수라고 부른다.

공학에 나오는 지수함수는 대부분이 밑이 10인 경우 또는 e인 경우이다.

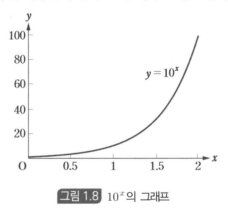

그림 1.8 10^x의 그래프

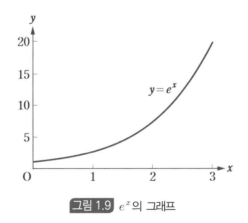

그림 1.9 e^x의 그래프

지수함수는 이공학 분야에서 극단적으로 큰 수와 극단적으로 작은 수를 표현하는 데 편리하게 쓰인다. 예를 들면

태양의 질량 : 1.99×10^{30} [kg]

전자의 질량 : 9.11×10^{-31} [kg]

이다. 지수함수의 사칙연산은 곱셈과 나눗셈에 특징이 있다.

$$a^x \times a^y = a^{x+y} \tag{1.46}$$

$$\frac{a^x}{a^y} = a^{x-y} \tag{1.47}$$

또한 지수함수의 특수한 경우로

$$a^0 = 1 \tag{1.48}$$

이다. 예를 들어

$$10^0 = 10^{1-1} = \frac{10}{10} = 1$$

이므로, 모순은 아니다. 사족을 붙이면

$$0! = 1 \tag{1.49}$$

이라는 규정도 있다. 0의 계승도 1로 정해져 있다.

지수함수에 관한 이 밖의 공식으로

$$\left(a^x\right)^n = a^{nx} \tag{1.50}$$

이 있다. $\left(a^x\right)^n = a^x \times a^x \times \cdots \times a^x = a^{x+x+\cdots+x} = a^{nx}$ 이기 때문이다.

또,

$$(ab)^n = a^n b^n \tag{1.51}$$

$$\left(\frac{a}{b}\right)^n = \frac{a^n}{b^n} \tag{1.52}$$

$$a^{-n} = \frac{1}{a^n} \tag{1.53}$$

예제 1.21

밑이 $a > 1$ 및 $0 < a < 1$인 경우의 지수함수 $f(x) = a^x$의 그래프를 그려라.

해답

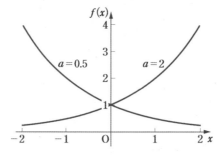

대표적인 예로 $a = 2$와 $a = 0.5$인 경우의 그래프를 나타낸다. 또한, $a = 1$인 경우는 항상 $f(x) = 1$이므로 지수함수의 정의로서 $a \neq 1$이다.

예제 1.22

$2^{6x+1} + 5 \cdot 2^{4x} - 11 \cdot 2^{2x} + 4 = 0$을 풀어라.

해답
$$2^{6x+1} = 2^{6x} \cdot 2^1 = 2 \cdot (2^{2x})^3$$
$$2^{4x} = (2^{2x})^2$$

따라서 $2^{2x} = X$로 놓으면 $2X^3 + 5X^2 - 11X + 4 = 0$이다. 인수정리를 사용하여 인수분해를 하면 $f(1) = 0$이므로

$$2X^2(X-1) + 7X(X-1) - 4(X-1) = 0$$
$$(X-1)(2X^2 + 7X - 4) = 0$$
$$(X-1)(2X-1)(X+4) = 0$$

이 된다. 2차식의 인수분해에는 (1.14)식을 사용하고 있다. 따라서

$$X = 1 \ , \ \frac{1}{2} \ , \ -4$$

가 얻어진다. 여기서 $X = 2^{2x} > 0$이므로 -4는 해(또는 '근'이라고도 한다)에서 제외된다. 따라서

$$2^{2x} = 1 = 2^0$$
$$2^{2x} = \frac{1}{2} = 2^{-1}$$

이다. 지수함수가 등식인 경우, 밑이 같으면 지수끼리 같아지므로

$$x = 0, \ -\frac{1}{2}$$

예제 1.23

부등식 $\left(\dfrac{1}{4}\right)^x - 9\left(\dfrac{1}{2}\right)^{x-1} + 32 \le 0$을 풀어라.

해답
$$\left(\frac{1}{4}\right)^x = \frac{1}{4^x} = \frac{1}{2^{2x}} = \frac{1}{(2^x)^2} \ , \ \left(\frac{1}{2}\right)^{x-1} = \left(\frac{1}{2}\right)^x\left(\frac{1}{2}\right)^{-1} = 2\frac{1}{2^x}$$

이 되며, $2^x = X$로 놓으면

$$\frac{1}{X^2} - 18\frac{1}{X} + 32 \le 0$$

$$32X^2 - 18X + 1 \leq 0$$

$$(16X - 1)(2X - 1) \leq 0$$

$$\frac{1}{16} \leq X \leq \frac{1}{2}$$

$$2^{-4} \leq 2^x \leq 2^{-1}$$

이다. 밑이 2인 경우, 지수함수의 부등호 방향과 지수의 부등호 방향이 같아진다. 따라서 해의 범위는

$$-4 \leq x \leq -1$$

1-6 로그함수

지수함수 $y = a^x$는 지수 x의 값을 먼저 주고 함수의 값 y를 구한다. 여기서 x와 y를 바꿔 생각해 본다. 즉 y의 값을 먼저 알고 있으면서 y는 a의 몇 승에 해당하나 하는 x를 구하는 문제이다. 이 x의 값을 $x = \log_a y$로 나타내며 a를 밑으로 하는 y의 로그라고 부른다. 로그는 지수함수로 되돌리면 지수에 대응한다. 이때 y를 진수라고 한다. $y = a^x$이므로 진수는 항상 양수이다.

$\log_a$라는 기호는 로그를 뜻하는 영어 logarithm의 줄임말로 a를 밑으로 하는 로그라는 의미이다. $a = 10$의 경우를 특히 상용로그라고 부른다. 지수함수와 로그함수를 대응하여 나타내면

$$
\begin{aligned}
10^0 &= 1 &&\rightarrow &&\log_{10} 1 = 0 \\
10^1 &= 10 &&\rightarrow &&\log_{10} 10 = 1 \\
10^2 &= 100 &&\rightarrow &&\log_{10} 100 = 2 \\
10^3 &= 1000 &&\rightarrow &&\log_{10} 1000 = 3
\end{aligned}
\tag{1.54}
$$

이다. 로그함수의 값이 지수함수의 로그로 되어 있는 것을 알 수 있다.

로그함수를 지수함수에서 이끌어내면 $x = \log_a y$라는 것이 되는데, 이 상태로는 독립변수와 종속변수가 다른 일반 함수와 반대가 되어 버린다. 그래서 로그함수를 새로운 하나의 독립된 변수로 생각하는 경우에는 x와 y를 바꿔서 $y = \log_a x$라고 쓴다. 지수함수의 형태로 되돌리면 $x = a^y$이므로 지수함수와는 정확히 x와 y가 바뀐 형태가 된다. 이 x와 y를 바꾸는 조작은 가로축을 x, 세로축을 y로 한 그래프 상에서는 $y = x$라는 직선에 관해 대칭이 되는 것을 의미한다. 예를 들어 $a = 10$의 경우 $y = 10^x$의 그래프를 직선 $y = x$에 대하여 구부러진

그래프가 $y = \log_{10} x$가 되는 것이다.

한 가지 더 중요한 로그로 자연로그가 있다. 네이피어수 e를 밑으로 하는 로그로 공학에서의 기호는 ln이다. 상용로그와의 차이는 밑이 10이 아니고 네이피어수 e라는 것이다. 즉 지수함수 $y = e^x$에 대응한 로그함수가 $y = \ln x$이다. 밑이 e인 로그 $\log_e x$를 공학에서는 관습적으로 $\ln x$라고 쓴다. 다만 이것은 엄밀하게 약속된 것은 아니다. 밑이 e이어도 $\log_e$ 상태인 것도 있다. ln은 자연로그 natural logarithm의 줄임기호이다. 공학용 전자계산기에는 log의 키와 ln의 키로 구별되어 있다.

로그함수의 계산에서는 지수함수와 반대로 합과 차에 특징이 있고, 곱과 몫은 더 이상 변형이 되지 않는다.

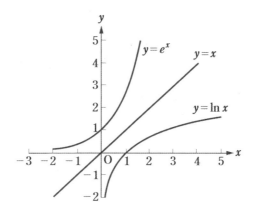

그림 1.10 지수함수와 로그함수

$$\log_a x + \log_a y = \log_a xy$$
$$\log_a x - \log_a y = \log_a \frac{x}{y} \tag{1.55}$$

또한 로그함수에는 다음 공식이 있다.

$$\log_a x^n = n \log_a x \tag{1.56}$$

또한 밑의 변환 공식도 있다.

$$\log_x y = \frac{\log_a y}{\log_a x} \tag{1.57}$$

변환 후의 밑은 무엇이든 상관없다. 이 밑의 변환 공식은 공학에서는 자연로그와 상용로그의 변환에 자주 쓰인다.

예제 1.24

상용로그는 자연로그로, 자연로그는 상용로그로 변환하여라.

해답 밑의 변환 공식 (1.57)식을 사용한다.

$$\log_{10} x = \frac{\log_e x}{\log_e 10} \cong \frac{\log_e x}{2.3026} \cong 0.4343 \log_e x$$

$$\log_e x = \frac{\log_{10} x}{\log_{10} e} \cong \frac{\log_{10} x}{0.4343} \cong 2.3026 \log_{10} x$$

또한, $\log_e 10$, $\log_{10} e$의 값은 로그표나 공학용 전자계산기로 구한다.

예제 1.25

태양의 질량과 전자의 질량을 로그로 표시하여라.

태양의 질량: 1.99×10^{30} [kg]

전자의 질량: 9.11×10^{-31} [kg]

해답 (1.55)식, (1.56)식을 사용하여 상용로그를 취하면

태양의 질량: $\log_{10}(1.99 \times 10^{30}) = \log_{10} 1.99 + \log_{10} 10^{30}$

$$= \log_{10} 1.99 + 30 \log_{10} 10 \cong 30.30$$

전자의 질량: $\log_{10}(9.11 \times 10^{-31}) = \log_{10} 9.11 + \log_{10} 10^{-31}$

$$= \log_{10} 9.11 - 31 \log_{10} 10 \cong -30.04$$

가 된다. 그리고 (1.54)식에서 $\log_{10} 10 = 1$이다. 또 공학용 전자계산기를 이용하여 $\log_{10} 1.99 \cong 0.30$, $\log_{10} 9.11 \cong 0.96$로 하였다. 이와 같이 로그 표시를 하면 극단적인 수치도 적절한 크기로 변환할 수 있다.

예제 1.26

다음 방정식을 풀어라.

$$\log_4(4x - 7) + \log_2 x = 1 + 3\log_4(x - 1)$$

해답 진수는 양수이므로 $x>0$, $x>1$, $x>\dfrac{7}{4}$ 중에서 $x>\dfrac{7}{4}$ 이다. 밑을 10으로 통일하여

$$\frac{\log_{10}(4x-7)}{\log_{10}4}+\frac{\log_{10}x}{\log_{10}2}=\frac{\log_{10}4}{\log_{10}4}+\frac{3\log_{10}(x-1)}{\log_{10}4}$$

$\log_{10}4=\log_{10}2^2=2\log_{10}2$에서 $\log_{10}2=\dfrac{1}{2}\log_{10}4$이므로

$$\frac{\log_{10}(4x-7)}{\log_{10}4}+\frac{2\log_{10}x}{\log_{10}4}=\frac{\log_{10}4}{\log_{10}4}+\frac{3\log_{10}(x-1)}{\log_{10}4}$$

분모를 없애면

$$\log_{10}(4x-7)+2\log_{10}x=\log_{10}4+3\log_{10}(x-1)$$

$$\log_{10}(4x-7)x^2=\log_{10}4(x-1)^3$$

따라서

$$x^2(4x-7)=4(x-1)^3$$

이다. 전개하면 x^3항이 사라져서

$$5x^2-12x+4=0 \ , \ (5x-2)(x-2)=0 \ , \ x=\frac{2}{5} \ , \ x=2$$

이다. 진수 조건에서 $x>\dfrac{7}{4}$이므로, 해는 $x=2$가 된다.

예제 1.27

다음 연립방정식을 풀어라

$$4^x\cdot 3^y=1$$

$$3^{x+2}\cdot 2^{\frac{y}{2}}=4$$

해답 우선 제1식에 대하여 양변에 상용로그를 취한다.

$$\log_{10}4^x\cdot 3^y=\log_{10}1$$

$$\log_{10}2^{2x}+\log_{10}3^y=0$$

$$2x\log_{10}2+y\log_{10}3=0 \qquad\qquad ①$$

마찬가지로 제2식에 대해서도

$$\log_{10} 3^{x+2} \cdot 2^{\frac{y}{2}} = \log_{10} 4$$

$$\log_{10} 3^{x+2} + \log_{10} 2^{\frac{y}{2}} = \log_{10} 2^2$$

$$(x+2)\log_{10} 3 + \frac{y}{2}\log_{10} 2 = 2\log_{10} 2 \qquad \qquad ②$$

이다. 여기서 ②식을 약간 정리하여,

$$x\log_{10} 3 + \frac{y}{2}\log_{10} 2 = 2(\log_{10} 2 - \log_{10} 3)$$

$$2x\log_{10} 3 + y\log_{10} 2 = 4(\log_{10} 2 - \log_{10} 3) \qquad \qquad ③$$

①식과 ③식은 연립일차방정식으로 되어 있다.

$$x\log_{10} 2^2 + y\log_{10} 3 = 0 \qquad \qquad ①'$$

$$x\log_{10} 3^2 + y\log_{10} 2 = 4(\log_{10} 2 - \log_{10} 3) \qquad \qquad ③'$$

우선 y를 소거하면, ①'$\times \log_{10} 2 -$ ③'$\times \log_{10} 3$에서

$$x\{\log_{10} 2 \cdot \log_{10} 2^2 - \log_{10} 3 \cdot \log_{10} 3^2\} = -4\log_{10} 3\{\log_{10} 2 - \log_{10} 3\}$$

$$2x\{(\log_{10} 2)^2 - (\log_{10} 3)^2\} = -4\log_{10} 3\{\log_{10} 2 - \log_{10} 3\}$$

$$2x(\log_{10} 2 + \log_{10} 3)(\log_{10} 2 - \log_{10} 3) = -4\log_{10} 3(\log_{10} 2 - \log_{10} 3)$$

$$x = \frac{-2\log_{10} 3}{\log_{10} 2 + \log_{10} 3} = -\frac{2\log_{10} 3}{\log_{10} 6} \qquad \qquad ④$$

이다. ④식을 ①'식에 대입하면,

$$y = -\frac{x\log_{10} 2^2}{\log_{10} 3} = \frac{2\log_{10} 3 \cdot \log_{10} 2^2}{\log_{10} 6 \cdot \log_{10} 3} = \frac{4\log_{10} 2}{\log_{10} 6} \qquad \qquad ⑤$$

1-7 삼각함수

다음은 삼각함수에 대한 설명이다. 먼저 각도의 표현방법에 대해 설명하기로 한다. 각도의 단위는 공학부의 학생이 자주 실수하는 단위 중 하나이기 때문이다. 각도 θ를 나타내는 단위로서 도(degree)와 라디안(radian) 2가지가 있다. 단위는 각각 [°], [rad]로 표기하여 구별한다. 또한, [°]와 [deg]로 표현하기도 한다. [°]와 [deg]로 나타내는 각도를 도수법, [rad]로 각도를 표현하는 방법을 호도법이라고 한다.

도수법은 1회전을 360°로 하며 1°보다 작은 각도의 경우, 1°는 60분, 1분은 60초라는 60진법을 사용하고 있다. 일반적으로 사회생활에서는 각도의 단위로 이 도수법을 사용하고 있다. 원의 1회전이 360°이므로 반회전, 즉 직선이 180°, $\frac{1}{4}$ 회전은 90°가 되는 것이다.

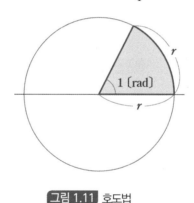

그림 1.11 호도법

이 도수법과 달리 호도법에서는 단위로 라디안(radian)을 사용한다. 호도법은 원의 반지름과 동일한 길이의 호가 펼쳐진 중심각을 1[rad]으로 한다. 반지름 r [m]인 원의 원주는 $2\pi r$ [m]이니까 원의 둘레는 $\frac{2\pi r}{r} = 2\pi$로 2π[rad]이 된다. 반지름이 r[m]인 원주상의 a[m]의 호가 펼쳐진 중심각은 $\frac{a}{r}$ [rad]으로 [rad]의 내역은 [m/m]이므로 무차원이 된다. 이것으로 각도의 단위 [rad]이 무차원이라는 표현도 되는 것이다. 무차원이란 [kg] 또는 [m] 등의 단위가 없는 것을 의미하는 것으로 [−]로 표기한다. 공학에서 각도의 단위라고 하면 호도법을 말한다. 공학부에 입학한 지 얼마 안 된 신입생의 경우, 이것을 혼동하여 자주 틀리곤 한다. 전자계산기에서도 [deg]모드와 [rad]모드가 있으니 주의가 필요하다. 각도법과 호도법의 관계는 다음과 같다.

$$\left[\begin{array}{l} 180^{\circ} = \pi\,[\mathrm{rad}]\,,\ 360^{\circ} = 2\pi\,[\mathrm{rad}]\,,\ 1^{\circ} = \dfrac{\pi}{180}\,[\mathrm{rad}] \\[2mm] 1\,[\mathrm{rad}] = \dfrac{180}{\pi}\,[\ ^{\circ}\ ] = 57.295\cdots[\ ^{\circ}\ ] \\[2mm] 30^{\circ} = \dfrac{\pi}{6}\,[\mathrm{rad}]\quad 45^{\circ} = \dfrac{\pi}{4}\,[\mathrm{rad}]\quad 60^{\circ} = \dfrac{\pi}{3}\,[\mathrm{rad}]\quad 90^{\circ} = \dfrac{\pi}{2}\,[\mathrm{rad}] \end{array}\right] \qquad (1.58)$$

다음은 삼각함수이다. 그림 1.12의 삼각형 ABC는 ∠C가 직각인 직각삼각형이다.

이때 각도 θ와 변의 길이 a, b, c의 사이에는 다음과 같이 3가지 관계를 생각할 수 있다.

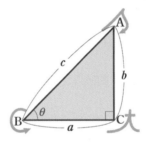

그림 1.12 삼각함수

$$\frac{b}{c} = \sin\theta$$

$$\frac{a}{c} = \cos\theta$$

$$\frac{b}{a} = \tan\theta \qquad (1.59)$$

sin은 사인이라고 읽고 정현(正弦)이라고도 한다. 마찬가지로 cos은 코사인이라고 읽고 여현(余弦)이라고 하며 tan는 탄젠트라고 읽고 정접(正接)이라고 한다. 즉, 삼각함수는 각도 θ에 대해 3가지의 다른 실수를 대응시키고 있는 것이다. 이 삼각함수의 값은 삼각형의 크기와는 관계가 없다. 직각삼각형에서 각도 θ가 동일한 삼각형은 모두 상사성(similarity)을 가진다. 또한, 30°, 45°, 60° 등 특수한 각도는 삼각자의 변의 길이비로 삼각함수의 값을 알 수 있다. 임의의 각도에 대해서는 삼각함수표가 부록에 수록되어 있다.

$$\begin{array}{ll} \sin 30^{\circ} = \dfrac{1}{2} & \sin 60^{\circ} = \dfrac{\sqrt{3}}{2} \\[3mm] \cos 30^{\circ} = \dfrac{\sqrt{3}}{2} & \cos 60^{\circ} = \dfrac{1}{2} \\[3mm] \tan 30^{\circ} = \dfrac{1}{\sqrt{3}} & \tan 60^{\circ} = \sqrt{3} \end{array} \qquad (1.60)$$

$$\sin 45° = \frac{1}{\sqrt{2}}$$

$$\cos 45° = \frac{1}{\sqrt{2}}$$

$$\tan 45° = 1 \tag{1.61}$$

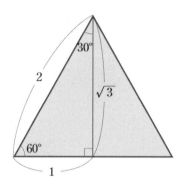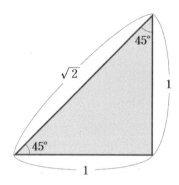

그림 1.13 2종류의 직각삼각형

또한

$$\frac{1}{\sin\theta} = \operatorname{cosec}\theta$$

$$\frac{1}{\cos\theta} = \sec\theta$$

$$\frac{1}{\tan\theta} = \cot\theta \tag{1.62}$$

라는 표현도 사용되며 각각 코시컨트, 시컨트, 코탄젠트라고 한다.

또한, $\sin^{-1}a$, $\cos^{-1}a$, $\tan^{-1}a$ 라고 기술되는 함수를 역삼각함수라고 하며 아크사인, 아크코사인, 아크탄젠트라고 읽는다. a는 적당한 실수값이다. 예를 들면 $\theta = \tan^{-1}a$는 탄젠트의 값이 a가 되기 위한 각도 θ를 의미한다. 즉 삼각함수의 값을 미리 알고 있고 그 값에 대응하는 각도 θ를 구할 때의 표현에 사용된다. $\sin^{-1}a$와 $\tan^{-1}a$에 대해서는 $|\theta| \leq \frac{\pi}{2}$의 각도가 대응하고 $\cos^{-1}a$는 $0 \leq \theta \leq \pi$의 각도가 대응한다. 이 θ의 값을 주요값(principal value)이라고 한다.

1-8 삼각함수의 그래프

여기서 삼각함수의 그래프에 대해 설명하기로 한다. 우선 정현파($\sin\theta$)와 여현파($\cos\theta$)이다. θ를 0에서 $2\pi(360°)$까지 변화시켰을 때의 정현 및 여현이 ±1의 범위에서 그림1.14와 같이 변화한다. $2\pi(360°)$이상에서는 이 파형이 반복된다. 삼각형의 그림에서는 θ의 범위가 0에서 $\dfrac{\pi}{2}$까지 밖에 생각할 수 없지만, 각도 θ가 클 때는 그림 1.15와 같이 생각할 수 있다.

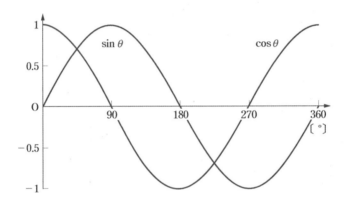

그림 1.14 정현파, 여현파의 그래프

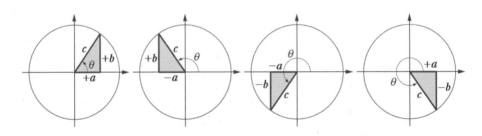

그림 1.15 각도와 변의 관계

삼각함수는 함수의 값이 물결처럼 변동하고 있기 때문에 정현파, 여현파라고 부르며 이와 같이 일정 간격으로 반복되는 함수를 주기함수라고 한다. 정현파도 여현파도 θ의 값이 2π마다 반복되는 주기함수이다. 정현파와 여현파는 θ가 $\dfrac{\pi}{2}$ (90°) 어긋나 있을 뿐 완전히 동일한 함수이다.

독립변수인 θ의 표기는 물론 x를 사용하여 $\sin x$, $\cos x$라고 해도 상관없다. 함수형으로 나타낼 때는 $f(x) = \sin x$, $f(x) = \cos x$로 표기하는 것이 일반적이다. 또는 독립변수를 시간의 경과로 생각할 경우에는 $\sin \omega t, \cos \omega t$라고 하기도 한다. 오히려 공학에서는 $\sin \omega t$, $\cos \omega t$로 표기하는 경우가 대부분이다. 이 때 물리적인 의미를 생각하면 ωt가 각도 θ에 해당하기 때문에 $\omega t = \theta$ [rad]이다. t는 시간이며 단위는 초[s]이므로 ω의 단위는 [rad/s]가 된다. 이 ω를 각속도 또는 각주파수라고 한다.

다음에 정접($\tan \theta$)의 그래프를 그림 1.16에 나타내었다. 정접은 정현이나 여현과는 완전히 다른 특징이 있다.

첫째, $\theta = \dfrac{\pi}{2}$ (90°)일 때 값이 존재하지 않는다. 이것은 정접을 처음에 정의한 식으로 돌아가 보면 이해할 수 있다. $\tan \theta = \dfrac{b}{a}$이고 θ가 $\dfrac{\pi}{2}$인 경우는 $a = 0$이므로 탄젠트의 값이 ∞가 되는 것이다. 또한, 그림 1.15에서 θ가 $\dfrac{\pi}{2}$보다 크게 되면 a의 값은 음이 되어 탄젠트의 값도 음이 된다.

둘째, 탄젠트도 주기함수인데 주기가 2π가 아닌 π로 반복을 한다.

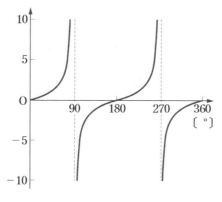

그림 1.16 탄젠트($\tan \theta$)의 그래프

예제 1.28

$\theta = 135[\,°\,]$일 때 $\sin \theta$, $\cos \theta$, $\tan \theta$를 구하여라.

해답 그림1.15에서 $\theta = 135[\,°\,]$일 때 $a = -1$, $b = 1$, $c = \sqrt{2}$ 이다. 따라서

$$\sin \theta = \frac{1}{\sqrt{2}} \;,\; \cos \theta = -\frac{1}{\sqrt{2}} \;,\; \tan \theta = -1$$

1-9 삼각함수의 공식

1 삼각함수의 기본 공식

삼각함수의 공식에서 가장 유명한 것은

$$\sin^2\theta + \cos^2\theta = 1 \tag{1.63}$$

일 것이다. 이 식은 직각삼각형에서 성립하는 피타고라스의 정리와 동일하다.

$$a^2 + b^2 = c^2 \tag{1.64}$$

예제 1.29

(1.63)식을 증명하시오.

해답 직각삼각형의 (1.59)식에서

$$a = c\cos\theta \;,\; b = c\sin\theta$$

이다. 이것을 피타고라스의 정리에 대입하여

$$(c\cos\theta)^2 + (c\sin\theta)^2 = c^2$$

따라서 $\sin^2\theta + \cos^2\theta = 1$이 된다.

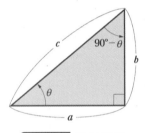

그림 1.17 직각삼각형

다음으로 '삼각형의 내각의 합은 항상 $180°$이다'라는 정리가 있다. 어떠한 형상의 삼각형을 그려도 3개의 각을 합하면 항상 $180°$가 된다. 이를 사용하면 직각삼각형의 경우, 직각 이외의 하나의 각을 θ로 하면 나머지 다른 한 각은 $\left(\dfrac{\pi}{2} - \theta\right)$이다. 따라서

$$\cos\theta = \frac{a}{c} = \sin\left(\frac{\pi}{2} - \theta\right)$$

$$\sin\theta = \frac{b}{c} = \cos\left(\frac{\pi}{2} - \theta\right) \tag{1.65}$$

2 가법 정리

삼각함수의 공식 중에서 가장 기본적인 것은 가법정리이다. 증명을 예제 1.30에 나타내었는데 (1.66)식을 완전히 외울 필요가 있다.

$$\sin(\alpha + \beta) = \sin\alpha\cos\beta + \cos\alpha\sin\beta$$

$$\sin(\alpha - \beta) = \sin\alpha\cos\beta - \cos\alpha\sin\beta$$

$$\cos(\alpha + \beta) = \cos\alpha\cos\beta - \sin\alpha\sin\beta$$

$$\cos(\alpha - \beta) = \cos\alpha\cos\beta + \sin\alpha\sin\beta \tag{1.66}$$

가법정리에서 $\beta = \alpha$라 놓으면 배각의 공식을 얻을 수 있다.

$$\sin 2\alpha = 2\sin\alpha\cos\alpha$$

$$\cos 2\alpha = \cos^2\alpha - \sin^2\alpha = 2\cos^2\alpha - 1 = 1 - 2\sin^2\alpha \tag{1.67}$$

또한 $\beta = 2\alpha$라 놓으면 3배각의 공식이 된다.

$$\sin 3\alpha = 3\sin\alpha - 4\sin^3\alpha$$

$$\cos 3\alpha = 4\cos^3\alpha - 3\cos\alpha \tag{1.68}$$

반각의 공식은 $\cos$에 대한 배각의 공식으로부터 얻을 수 있다.

$$\sin^2\alpha = \frac{1 - \cos 2\alpha}{2} \qquad \sin^2\frac{\alpha}{2} = \frac{1 - \cos\alpha}{2}$$

$$\Rightarrow$$

$$\cos^2\alpha = \frac{1 + \cos 2\alpha}{2} \qquad \cos^2\frac{\alpha}{2} = \frac{1 + \cos\alpha}{2} \tag{1.69}$$

곱셈을 덧셈으로 변환하는 공식은 가법정리의 양변을 가감하여 얻을 수 있다.

$$\sin\alpha\cos\beta = \frac{1}{2}\{\sin(\alpha + \beta) + \sin(\alpha - \beta)\}$$

$$\cos\alpha\sin\beta = \frac{1}{2}\{\sin(\alpha + \beta) - \sin(\alpha - \beta)\}$$

$$\cos\alpha\cos\beta = \frac{1}{2}\{\cos(\alpha + \beta) + \cos(\alpha - \beta)\}$$

$$\sin\alpha\sin\beta = \frac{1}{2}\{\cos(\alpha - \beta) - \cos(\alpha + \beta)\} \tag{1.70}$$

또한, 덧셈과 뺄셈을 곱셈으로 바꾸는 변환 공식은 (1.70)식에서

$$\begin{aligned} \alpha + \beta &= A & \alpha &= \frac{A+B}{2} \\ &\quad\Rightarrow \\ \alpha - \beta &= B & \beta &= \frac{A-B}{2} \end{aligned} \tag{1.71}$$

로 치환하여 얻을 수 있다.

$$\sin A + \sin B = 2\sin\frac{A+B}{2}\cos\frac{A-B}{2}$$

$$\sin A - \sin B = 2\cos\frac{A+B}{2}\sin\frac{A-B}{2}$$

$$\cos A + \cos B = 2\cos\frac{A+B}{2}\cos\frac{A-B}{2}$$

$$\cos A - \cos B = -2\sin\frac{A+B}{2}\sin\frac{A-B}{2} \tag{1.72}$$

가법정리 (1.66)식은 오일러의 공식을 사용하여 증명할 수 있다.

예제 1.30

오일러의 공식을 사용하여 가법정리 (1.66)식을 증명하여라.

해답 오일러의 공식에서

$$e^{i\alpha} = \cos\alpha + i\sin\alpha \ , \ e^{i\beta} = \cos\beta + i\sin\beta$$

로 하여 이 2개의 식을 서로 곱하면 좌변은 지수함수의 곱이 되어

$$e^{i\alpha} \cdot e^{i\beta} = e^{i(\alpha+\beta)}$$

이다. 이 지수함수에 다시 오일러의 공식을 적용하면,

$$e^{i(\alpha+\beta)} = \cos(\alpha+\beta) + i\sin(\alpha+\beta)$$

이다. 우변은

$$(\cos\alpha + i\sin\alpha)(\cos\beta + i\sin\beta) = (\cos\alpha\cos\beta - \sin\alpha\sin\beta)$$
$$+ i(\sin\alpha\cos\beta + \cos\alpha\sin\beta)$$

여기서 실수부, 허수부가 각각 같다고 놓으면

$$\cos(\alpha+\beta) = \cos\alpha\cos\beta - \sin\alpha\sin\beta$$

$$\sin(\alpha+\beta) = \sin\alpha\cos\beta + \cos\alpha\sin\beta$$

를 얻을 수 있다. $\beta = -\beta$라고 하면 나머지 공식도 얻을 수 있다.

3 정현정리·여현정리

지금까지 배운 것 외에 중요한 삼각함수의 공식에는 정현정리와 여현정리가 있다. 그림 1.18의 삼각형에서

$$\frac{a}{\sin A} = \frac{b}{\sin B} = \frac{c}{\sin C} \tag{1.73}$$

을 정현정리라고 한다(증명은 예제 1.34).

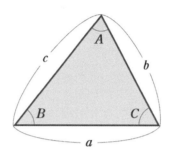

그림 1.18 정현정리·여현정리

또한,

$$a^2 = b^2 + c^2 - 2bc\cos A$$

$$b^2 = c^2 + a^2 - 2ca\cos B$$

$$c^2 = a^2 + b^2 - 2ab\cos C \tag{1.74}$$

를 여현정리라고 한다(증명은 예제 1.35).

여현정리에서 ∠A, ∠B, ∠C 중 하나가 직각일 때 피타고라스의 정리가 되는 것이다.

4 삼각함수의 합성

$$y = a\sin x + b\cos x$$

라는 형태의 함수가 나왔을 때 공학에서는 종종 이 함수를 가법정리를 이용하여 하나의 삼각함수로 합성한다. 진동 문제 등에서 자주 사용되는 변형이다.

$$a\sin x + b\cos x = \sqrt{a^2 + b^2}\left(\frac{a}{\sqrt{a^2 + b^2}}\sin x + \frac{b}{\sqrt{a^2 + b^2}}\cos x\right)$$

$$= \sqrt{a^2 + b^2}\sin(x + \alpha)$$

$$\text{단, } \alpha = \tan^{-1}\left(\frac{b}{a}\right) \tag{1.75}$$

로 변형할 수 있다.

변형 요령은 우선 2개의 진폭 a, b에서 합성함수의 진폭 $\sqrt{a^2+b^2}$ 을 만들고

$$a\sin x + b\cos x = \sqrt{a^2+b^2}\left(\frac{a}{\sqrt{a^2+b^2}}\sin x + \frac{b}{\sqrt{a^2+b^2}}\cos x\right)$$

로 변형한다. 여기서 ( ) 안을 가법정리의

$$\sin(x+\alpha) = \sin x \cos\alpha + \cos x \sin\alpha$$

에 일치하도록 생각한다. 즉,

$$\frac{a}{\sqrt{a^2+b^2}} = \cos\alpha \ , \quad \frac{b}{\sqrt{a^2+b^2}} = \sin\alpha \tag{1.76}$$

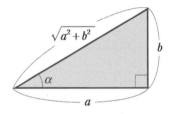

그림 1.19 합성각 α

가 되는 각도 α를 찾아주면,

$$a\sin x + b\cos x$$

$$= \sqrt{a^2+b^2}(\sin x \cos\alpha + \cos x \sin\alpha)$$

$$= \sqrt{a^2+b^2}\sin(x+\alpha)$$

로 변형될 수 있기 때문이다. 이 각도 α는 2개의 진폭 a, b로 만들어진 직각삼각형에서 얻을 수 있다. 즉,

$$\alpha = \tan^{-1}\left(\frac{b}{a}\right)$$

인 것이다.

예제 1.31

$0 \le \theta \langle 2\pi$ 일 때 부등식 $2\sin^2\theta - \cos\theta - 1 > 0$을 풀어라.

해답 (1.63)식의 $\sin^2\theta + \cos^2\theta = 1$에서 $\sin^2\theta = 1 - \cos^2\theta$가 되고

$$2(1-\cos^2\theta) - \cos\theta - 1 > 0$$

이 된다. 모든 우변으로 이항하면

$$2\cos^2\theta + \cos\theta - 1 < 0$$

이다. 여기서 $\cos\theta = X$로 놓으면,

$$2X^2 + X - 1 < 0$$

이 되며, 이것은 이차부등식이다.

(1.14)식을 사용하여 우변을 인수분해하면

$$(2X - 1)(X + 1) < 0$$

이 되고 $-1 < X < \dfrac{1}{2}$이다.

여기서 X를 원래의 형태로 되돌리면

$$-1 < \cos\theta < \dfrac{1}{2}$$

이다.

이 부등식에 대응하는 θ의 범위는

$$\dfrac{\pi}{3} < \theta < \dfrac{5\pi}{3} \qquad \text{단, } \theta \neq \pi$$

가 된다.

마지막에 θ의 범위를 구하는 것은 $\cos\theta$의 개략적인 그래프를 그려서 확인한다. 이 때 (1.60), (1.61)식은 항상 외워둘 필요가 있다.

예제 1.32

$0 \leq x \leq \dfrac{\pi}{2}$일 때 $2\sin x + \cos x$의 최댓값과 최솟값을 구하여라.

해답 (1.75)식을 사용하여 합성하는 것을 생각한다.

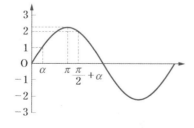
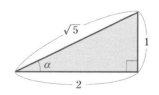

$$2\sin x + \cos x = \sqrt{2^2+1}\left(\frac{2}{\sqrt{5}}\sin x + \frac{1}{\sqrt{5}}\cos x\right)$$

$$= \sqrt{5}\left(\sin x \cos \alpha + \cos x \sin \alpha\right)$$

$$= \sqrt{5}\sin(x+\alpha)$$

단, α는 $\sin\alpha = \dfrac{1}{\sqrt{5}}$, $\cos\alpha = \dfrac{2}{\sqrt{5}}$가 되는 $0 < \alpha < \dfrac{\pi}{4}$의 각도이다

($\tan\alpha = \dfrac{1}{2}$이므로 $\alpha < \dfrac{\pi}{4}$). 문제의 뜻에서 $0 \le x \le \dfrac{\pi}{2}$이므로 $x+\alpha$의 범위는

$\alpha \le x+\alpha \le \dfrac{\pi}{2}+\alpha$이다. 따라서

$$x+\alpha = \frac{\pi}{2}\text{ 일 때 }\left(x=\frac{\pi}{2}-\alpha\right)\quad\text{최댓값 }\sqrt{5}$$

$$x+\alpha = \alpha\text{ 일 때 }(x=0)\quad\text{최솟값 }1$$

이다. 최솟값에 대해서는 $\sin\alpha$와 $\sin\left(\dfrac{\pi}{2}+\alpha\right)$를 비교하여 작은 쪽을 선택한다.

여기서는 $\tan\alpha = \dfrac{1}{2}$이므로 $\alpha < \dfrac{\pi}{4}$이며, 따라서 $\sin\alpha$ 쪽이 작아진다.

예제 1.33

$\cos\theta + \cos 3\theta = 0$을 풀어라$(\theta > 0)$.

해답
$$\cos 3\theta = -\cos\theta = \cos(\pi-\theta)$$

이다. 따라서

$$3\theta = \pi - \theta + 2n\pi\quad\text{단, }n\text{은 정수가 된다.}$$

$2n\pi$는 $\cos$ 이 주기 2π의 주기함수이기 때문이다. 따라서

$$\theta = \frac{\pi}{4} + \frac{1}{2}n\pi$$

이다. 이 문제에서는 $\cos\theta = -\cos(\pi-\theta)$, $\cos\theta = \cos(\theta+2n\pi)$라는 관계를 사용하고 있다. 마찬가지로 $\sin\theta = \sin(\pi-\theta)$, $\sin\theta = \sin(\theta+2n\pi)$라는 관계도 있다. 이러한 관계식은 외우는 것보다 필요할 때 정현파, 여현파의 그래프를 개략적으로 그려서 그때마다 부호를 확인하는 것이 좋다.

예제 1.34

정현정리(1.73)식을 증명하여라.

해답 삼각형 ABC에서 대응하는 변의 길이를 a, b, c로 한다. 정점 A 및 B에서 수선을 내리고 각각 D, E로 하면

$$AD = c \sin B = b \sin C$$

➡ $$\frac{b}{\sin B} = \frac{c}{\sin C}$$

$$BE = a \sin C = c \sin A$$

➡ $$\frac{a}{\sin A} = \frac{c}{\sin C}$$

따라서

$$\frac{a}{\sin A} = \frac{b}{\sin B} = \frac{c}{\sin C}$$

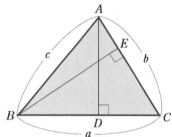

예제 1.35

여현정리 (1.74)식을 증명하여라.

해답 삼각형 ABC에서 정점 A에서 변 BC에 수선을 내리고 D로 한다.

이때 $CD = b \cos C$, $AD = b \sin C$이다.

여기서 직각삼각형 ABD에 피타고라스의 정리를 사용하면

$$c^2 = (b \sin C)^2 + (a - b \cos C)^2$$

따라서

$$c^2 = a^2 + b^2 - 2ab \cos C$$

이다. 다른 것도 같은 방법으로 증명할 수 있다.

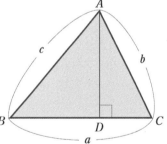

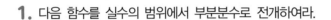

1. 다음 함수를 실수의 범위에서 부분분수로 전개하여라.

$$(1)\ \frac{x^2 + 10x - 15}{x^3 - 2x^2 - x + 2} \qquad\qquad (2)\ \frac{1}{(x+1)^2(x^2+x+1)}$$

2. 실수를 계수로 하는 삼차 방정식 $x^3 + ax^2 + bx + 2 = 0$식에서 하나의 해가 $1 + i$일 때 a, b의 값을 구하여라..

3. 다음의 연립방정식을 계산하여라.

$$\begin{cases} 8 \cdot 3^x - 3^y = -27 \\ \log_2(x+1) - \log_2(y+3) = -1 \end{cases}$$

4. $\tan x = t$일 때 $\sin 2x$, $\cos 2x$를 t로 나타내어라.

5. $0 \le x \le \pi$일 때 $f(x) = \sin^2 x + 2\sqrt{3}\sin x \cos x - \cos^2 x + 1$의 최댓값과 그 때의 x를 구하여라.

제**2**장 미분·적분 >>>

2-1 극한

미분·적분은 그 자체로도 공학의 여러 방면에서 매우 유용하다. 그러나 미분·적분의 가장 본질적인 이용 가치는 미분방정식에 있다고 생각할 수 있다. 미분방정식은 이공학 분야에서 이론적인 근거가 되는 경우가 많다. 이 미분방정식이 미분의 대표적인 응용예이며, 미분방정식을 푼다고 하는 것이 결국 적분인 것이다.

그래서 미분에 대한 설명 순서로서 우선 극한이라는 개념에 대해 설명할 필요가 있다. 미분은 극한의 개념에 의해 정의되기 때문이다. 극한에는 수열의 극한과 함숫값의 극한이라는 개념이 있다. 미분의 정의에서 사용되는 것은 함수의 값이 극한인데, 우선 수열의 극한부터 간단하게 설명하기로 한다.

자연수 $n = 1, 2, 3, \cdots$ 에 대해 어떤 규칙에 따라 $a_1, a_2, a_3, \cdots$ 라는 수가 대응하고 있을 때 $a_1, a_2, a_3, \cdots$ 를 수열(Sequence)이라고 하고 $\{a_n\}$ 으로 표시한다.

예제 2.1

$a_n = n$ 으로 표현되는 수열 $\{a_n\}$ 은 어떤 수열인가?

해답 $\{a_n\} = \{1, 2, 3, \cdots, n\}$ 이므로 이 수열은 자연수를 의미한다.

마찬가지로 $a_n = 2n$ 이면 짝수 전체를 나타내고 $a_n = 2n - 1$ 이면 홀수 전체를 나타내는 수열이 된다.

예제 2.2

$a_n = \left(1 + \dfrac{1}{n}\right)^n$ 으로 표현되는 수열 $\{a_n\}$ 은 어떤 수열인가?

해답 이 수열은 직감적으로는 알기 어려우므로 $n = 1, 2, 3, \cdots$ 을 대입해 본다.

$$n = 1일 \ 때 \ \left(1 + \frac{1}{1}\right)^1 = 2$$

$$n = 2일 \ 때 \ \left(1 + \frac{1}{2}\right)^2 = 1.5^2 = 2.25$$

$$n = 3일 \ 때 \ \left(1 + \frac{1}{3}\right)^3 = 1.3^3 = 2.37\cdots$$

이다. 즉, $n = 1, 2, 3, 4, 5, 6, \cdots$에 대해

$$\{a_n\} = \{2,\ 2.25,\ 2.37,\ 2.44,\ 2.49,\ 2.52,\ \cdots\}$$

와 같이 단조롭게 증가하는 수열이다.

이 예제 2.2와 같은 수열로 $n \to \infty$으로 하였을 때의 a_n의 값이라는 의미로

$$\lim_{n \to \infty}\left(1 + \frac{1}{n}\right)^n \tag{2.1}$$

이라고 표기한다. 기호 $\lim$는 극한(limit)의 생략형이다. 또한 이 수열의 극한값은 자연로그의 밑이라 불리는 $e = 2.718281828459\cdots$이다. 즉,

$$\lim_{n \to \infty}\left(1 + \frac{1}{n}\right)^n = e \tag{2.2}$$

이다. 이 수열이 극한값을 가지는 것은 스위스의 수학자 오일러(Euler)가 처음으로 증명하였다. e라는 표기는 오일러의 머릿글자를 따온 것이라고 한다. 이 책에서는 (2.2)식을 증명하지 않고 사용하는 것으로 한다. 다음으로 함숫값의 극한에 대해 생각해 보자. 함수 $f(x)$에서 x를 끝없이 어떤 값 a에 접근시켰을 경우의 함숫값을

$$\lim_{x \to a} f(x) \tag{2.3}$$

로 표기한다. 이 값은 일반적으로 $f(a)$가 되는데 $f(a)$가 되지 않는 경우도 있다.

예제 2.3

$f(x) = \dfrac{1}{x}$에 대해 $x \to 0$의 극한값을 구하여라.

해답 이 예에서는 물론

$$\lim_{x \to 0} f(x) = f(0)$$

으로 표기할 수 없다. 또한 함수 $f(x)$의 그래프에서 $x \to 0$으로 해도 양의 방향에서 접근하는 경우와 음의 방향에서 접근하는 경우의 극한값이 다른 것을 알 수 있다. 따라서 이 경우는

$$\lim_{x \to +0} \frac{1}{x} = +\infty\ ,\quad \lim_{x \to -0} \frac{1}{x} = -\infty$$

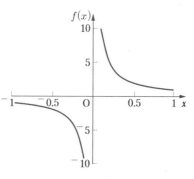

그림 2.1 $y = \dfrac{1}{x}$의 그래프

라고 기술한다. $+0$은 양의 방향에서, -0은 음의 방향에서 접근한다는 의미의 표기이다.

극한값의 계산에서는 아래의 공식이 성립한다.

$$\lim_{x \to a} kf(x) = k \lim_{x \to a} f(x) \quad k는\ 상수 \tag{2.4}$$

$$\lim_{x \to a} \{f(x) \pm g(x)\} = \lim_{x \to a} f(x) \pm \lim_{x \to a} g(x) \tag{2.5}$$

$$\lim_{x \to a} f(x)g(x) = \lim_{x \to a} f(x) \lim_{x \to a} g(x) \tag{2.6}$$

$$\lim_{x \to a} \frac{g(x)}{f(x)} = \frac{\lim\limits_{x \to a} g(x)}{\lim\limits_{x \to a} f(x)} \tag{2.7}$$

그런데 함수의 극한에서 약간 까다로운 문제가 있다. 예를 들면

$$\lim_{x \to a} \frac{g(x)}{f(x)} = \frac{0}{0}, \lim_{x \to a} \frac{g(x)}{f(x)} = \frac{\infty}{\infty} \tag{2.8}$$

와 같은 경우이다. 이러한 형태는 부정형이라고 하며, 이 극한값을 안이하게 1로 만들면 안 된다. 이 부정형에 대해서는 로피탈의 정리(l'Hôpital's rule)라고 하는 공식이 준비되어 있는데 이 공식은 앞으로 설명할 미분을 이용해 정의되므로 미분 설명을 마친 다음에 설명하도록 한다. 결과만 표기하면 (2.8)식의 부정형이 된 경우는

$$\lim_{x \to a} \frac{g(x)}{f(x)} = \lim_{x \to a} \frac{g'(x)}{f'(x)} \tag{2.9}$$

로 계산할 수 있다. 여기서 $f'(x)$와 $g'(x)$가 함수 $f(x)$, $g(x)$의 미분을 나타내고 있다. 이것을 로피탈의 정리라고 한다. 로피탈은 $x \to 0$에서도 $x \to \infty$의 경우에도 문제가 없다. 이렇게 해도 아직 부정형일 때는 또 연속해서 2차 미분, 3차 미분으로 부정형이 해소될 때까지 연속해서 계산하면 된다. 좋다. 또한 $\infty - \infty$, $\infty \cdot 0$, ∞^0 등도 부정형이다. 이대로는 극한값을 구할 수 없으므로 무언가 다른 방법을 생각할 필요가 있다(예제 참조). 극한 문제에서 다음의 5개 식은 중요한 공식이다.

$$\lim_{x \to \infty} \left(1 + \frac{1}{x}\right)^x = e \tag{2.10}$$

$$\lim_{x \to 0} (1 + x)^{\frac{1}{x}} = e \tag{2.11}$$

$$\lim_{x \to 0} \frac{\sin x}{x} = 1 \tag{2.12}$$

$$\lim_{x \to 0} \frac{\log_e(1+x)}{x} = 1 \tag{2.13}$$

$$\lim_{x \to 0} \frac{e^x - 1}{x} = 1 \tag{2.14}$$

(2.10)식에서 변수 x는 실수이지만 자연수에 의한 수열 (2.2)식의 경우와 마찬가지로 극한값은 $e = 2.718281828459\cdots$ 이다. 또한 (2.11)식은 (2.10)식에서 $x \to \frac{1}{x}$로 변환한 형태이다. (2.12)식에서부터 (2.14)식은 모두 부정형이다. (2.12)식은 기하학적으로도 증명할 수 있는데(참고문헌 1, 30쪽 참조), 미분을 학습한 후, 로피탈의 정리를 사용하면 된다.

예제 2.4

(2.2)식을 사용하여 (2.10)식을 증명하여라.

해답 임의의 실수 $x > 0$를 선택하면 $n \le x \le n+1$이 되는 자연수 n이 존재하며

$$\frac{1}{n+1} < \frac{1}{x} \le \frac{1}{n}$$

이다. 따라서

$$1 + \frac{1}{n+1} < 1 + \frac{1}{x} \le 1 + \frac{1}{n}$$

$$\left(1 + \frac{1}{n+1}\right)^n < \left(1 + \frac{1}{x}\right)^x < \left(1 + \frac{1}{n}\right)^{n+1}$$

이 성립한다. 또한 약간 변형하여

$$\left(1 + \frac{1}{n+1}\right)^{n+1}\left(1 + \frac{1}{n+1}\right)^{-1} < \left(1 + \frac{1}{x}\right)^x < \left(1 + \frac{1}{n}\right)^n\left(1 + \frac{1}{n}\right)$$

이다. $x \to \infty$ 일 때 $n \to \infty$이므로 이 부등식의 양끝이 $n \to \infty$ 일 때의 극한값은 (2.2)식에 따라 e가 된다. 따라서 임의의 실수 $x > 0$에 대해

$$\lim_{x \to \infty} \left(1 + \frac{1}{x}\right)^x = e$$

$\lim\limits_{x \to \infty} \dfrac{x+1}{x-1}$ 의 극한값을 구하여라.

해답

$$\lim_{x \to \infty} \frac{x+1}{x-1} = \lim_{x \to \infty} \frac{1+\dfrac{1}{x}}{1-\dfrac{1}{x}} = 1$$

예제 2.6

$\lim\limits_{x \to \infty} (\sqrt{x^2 + x + 1} - \sqrt{x^2 + 1})$ 의 극한값을 구하여라.

해답

$$\lim_{x \to \infty} (\sqrt{x^2 + x + 1} - \sqrt{x^2 + 1})$$

$$= \lim_{x \to \infty} (\sqrt{x^2 + x + 1} - \sqrt{x^2 + 1}) \frac{\sqrt{x^2 + x + 1} + \sqrt{x^2 + 1}}{\sqrt{x^2 + x + 1} + \sqrt{x^2 + 1}}$$

$$= \lim_{x \to \infty} \frac{x}{\sqrt{x^2 + x + 1} + \sqrt{x^2 + 1}}$$

$$= \lim_{x \to \infty} \frac{1}{\sqrt{1 + \dfrac{1}{x} + \dfrac{1}{x^2}} + \sqrt{1 + \dfrac{1}{x^2}}} = \frac{1}{2}$$

이 예제는 $\infty - \infty$ 의 부정형의 예이다. 이 해법을 분자의 유리화라고 한다.

예제 2.7

$\lim\limits_{x \to 0} \dfrac{x}{\tan x}$ 의 극한값을 구하여라.

해답 (2.12)식을 사용하여 구하면 아래와 같이 된다.

$$\lim_{x \to 0} \frac{x}{\tan x} = \lim_{x \to 0} \frac{x \cos x}{\sin x} = \lim_{x \to 0} \frac{\cos x}{\dfrac{\sin x}{x}} = 1$$

예제 2.8

$$\lim_{x \to 0} \frac{\log_e(1+x)}{x} = 1$$을 확인하여라.

해답 (2.11)식을 사용하여 구하면 아래와 같이 된다.

$$\lim_{x \to 0} \frac{\log_e(1+x)}{x} = \lim_{x \to 0} \frac{1}{x} \log_e(1+x) = \lim_{x \to 0} \log_e(1+x)^{\frac{1}{x}} = \log_e e = 1$$

예제 2.9

$$\lim_{x \to 0} \frac{e^x - 1}{x} = 1$$을 확인하여라.

해답 예제 2.8에서 $z = \log_e(1+x)$로 놓으면 $e^z = 1+x$, $e^z - 1 = x$이다. 또한 $x \to 0$

일 때 $z \to 0$이므로 예제 2.8의 좌변을 변형하면

$$\lim_{x \to 0} \frac{\log_e(1+x)}{x} = \lim_{z \to 0} \frac{z}{e^z - 1} = \lim_{z \to 0} \frac{1}{\dfrac{e^z - 1}{z}}$$

이다. 이 극한값이 예제 2.8의 결과에 따라 1이 되므로

$$\lim_{z \to 0} \frac{e^z - 1}{z} = 1$$

이 된다. 이 식에서 z를 새로 x라고 고쳐 써도 문제가 없으므로 문제식은 증명된 것
이다.

예제 2.10

$$\lim_{x \to 0} \frac{a^x - 1}{x} = \log_e a$$를 확인하여라.

해답 $x \to 0$일 때 $a^x \to 1$이므로

$$a^x = 1 + y$$

로 놓으면 $x \to 0$일 때 $y \to 0$이다. 그러므로 이 양변의 로그를 취하면

$$x \log_e a = \log_e(1+y)$$

이므로

$$\lim_{x \to 0} \frac{a^x - 1}{x} = \lim_{y \to 0} \frac{y}{\dfrac{\log_e (1+y)}{\log_e a}} = \log_e a \cdot \lim_{y \to 0} \frac{1}{\dfrac{\log_e (1+y)}{y}} = \log_e a$$

이다. 예제 2.8의 결과를 사용하고 있다.

예제 2.11

$\displaystyle\lim_{x \to \infty} \left(1 + \frac{a}{x}\right)^x = e^a$를 확인하여라(단, $a \neq 0$).

해답 $z = \dfrac{x}{a}$로 놓으면 $x \to \infty$일 때 $z \to \infty$이므로

$$\lim_{x \to \infty} \left(1 + \frac{a}{x}\right)^x = \lim_{z \to \infty} \left\{\left(1 + \frac{1}{z}\right)^z\right\}^a = e^a$$

예제 2.12

$\displaystyle\lim_{x \to \infty} x(x - \sqrt{x^2 - a^2})$의 극한값을 구하여라.

해답

$$\lim_{x \to \infty} x(x - \sqrt{x^2 - a^2}) = \lim_{x \to \infty} x(x - \sqrt{x^2 - a^2}) \frac{x + \sqrt{x^2 - a^2}}{x + \sqrt{x^2 - a^2}}$$

$$= \lim_{x \to \infty} \frac{xa^2}{x + \sqrt{x^2 - a^2}} = \lim_{x \to \infty} \frac{a^2}{1 + \sqrt{1 - \left(\dfrac{a}{x}\right)^2}} = \frac{a^2}{2}$$

예제 2.13

$\displaystyle\lim_{x \to 0} \frac{\tan^{-1} x}{x}$의 극한값을 구하여라.

해답 $y = \tan^{-1} x$로 놓으면 $x = \tan y$에서 $x \to 0$일 때 $y \to 0$이다.

$$\lim_{x \to 0} \frac{\tan^{-1} x}{x} = \lim_{y \to 0} \frac{y}{\tan y} = \lim_{y \to 0} \frac{y}{\dfrac{\sin y}{\cos y}} = \lim_{y \to 0} \frac{\cos y}{\dfrac{\sin y}{y}} = 1$$

2-2 미분

여기부터는 본 제목의 미분에 대해 설명하기로 한다. 우선 미분이라는 연산의 기호부터 살펴보자. 이 미분 기호가 약간 딱딱한 모양인 것도 미분을 기피하는 하나의 이유일지도 모른다. 하지만 기호는 기호에 지나지 않는다. 미분 기호는 $\dfrac{df(x)}{dx}$ 라고 쓴다. $\dfrac{d}{dx}$ 가 함수 $f(x)$를 독립변수 x로 미분하는 연산의 기호라고 생각하자. $\dfrac{df(x)}{dx}$와 $\dfrac{d}{dx}f(x)$라고 쓰기도 하고 단순하게 $f'(x)$ 또는 $\dot{f}(x)$라고 줄여 쓰기도 한다. 또한, 함수 $f(x)$를 2회 연속해서 미분할 경우에는 $\dfrac{d^2f(x)}{dx^2}$이며, 단순하게 $f''(x)$ 또는 $\ddot{f}(x)$라고 기술한다. 이 미분의 기호가 가감승제 $(+, -, \times, \%)$의 기호에 비해 약간 복잡하기 때문에 처음에는 어렵게 느껴질 수도 있지만 복잡해도 미분이라는 연산을 뜻하는 기호에 불과하다. 함수의 표현이 만약 $y = f(x)$라면 이 함수의 미분은 $\dfrac{dy}{dx}$ 이라고 해도 좋다. 미분 기호에서 d는 미분(derivative)의 d이며 '아주 작은 양'이라는 의미를 가지고 있다. $df(x)$와 $f(x)$의 의미는 다음 절의 설명에서 알 수 있다. 여기에서는 함수 $f(x)$의 독립변수가 x이므로 미분 기호가 $\dfrac{d}{dx}$로 되어 있지만, 시간 t의 함수인 경우에는 $f(t)$를 시간 t로 미분하는 것이 되므로 $\dfrac{df(t)}{dt}$와 $\dfrac{d}{dt}f(t)$가 된다. 또한 함수의 표현은 $g(x)$ 또는 $h(x)$로 해도 상관없다. 이 때의 미분은 $\dfrac{dg(x)}{dx}$와 $\dfrac{dh(x)}{dx}$가 될 뿐이다. 공학에서는 일반적으로 시간 t의 함수를 다룰 기회가 많으므로 $\dfrac{dg(t)}{dt}$와 $\dfrac{dh(t)}{dt}$라는 표현을 많이 볼 수 있을 것이다.

그러므로 미분의 정의식을 나타내면 다음과 같다.

$$\frac{df(x)}{dx} = \lim_{h \to 0} \frac{f(x+h) - f(x)}{h} \tag{2.15}$$

좌변은 함수 $f(x)$를 독립변수 x로 미분하는 기호에 지나지 않는다. $f'(x)$이라고 써도 되고 $\dot{f}(x)$이라고 써도 된다. 중요한 것은 우변이다. 우변이 미분의 정의식이다.

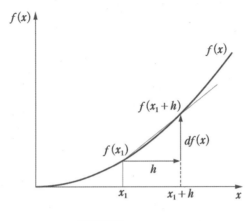

그림 2.2 미분의 정의

  h를 끝없이 0에 접근시켰을 경우의 $\dfrac{f(x+h)-f(x)}{h}$가 구하는 극한값이라는 의미이다
(그림 2.2 참조). 그림 2.2에 나타낸 2차 곡선은 함수 $f(x)$의 하나의 보기이다. 가로축은 독
립변수 x이고, 세로축은 함수 $f(x)$의 값이다. 이제 독립변수가 어떤 값 $x = x_1$인 지점을 생
각해 보자. 이때의 함수 $f(x)$의 값은 $f(x_1)$이다. 다음에 x가 x_1에서 h만큼 커진
$x = x_1 + h$인 지점을 생각해 보자. 이 점의 함숫값은 $f(x_1 + h)$이다. 따라서 독립변수가 x_1
에서 h만큼 커질 때의 함숫값의 증가분은 $f(x_1 + h) - f(x_1)$이다. 마찬가지로 분모의 h는
독립변수 x의 증가분을 나타낸다. 즉, 미분의 정의식은 독립변숫값의 증가분과 함숫값의 증가
분의 비를 나타내고 있으므로 그 기하학적 의미는 $f(x_1)$과 $f(x_1 + h)$의 두 점을 이은 직선의
기울기가 된다. 이 직선은 $h{\to}0$의 극한에서는 x_1점에서 함수 $f(x)$의 접선이 된다. 즉, 미분
은 점 x_1에서 함수 $f(x)$에서 접선의 기울기를 나타내는 것이다.

  이상의 설명에서는 편의상, 독립변수 x를 어떤 점 x_1에 고정하여 생각했다. 그러나 이 x_1
이라는 점을 어디로 선택해도 상관없다. 또한, 선택한 x_1의 위치에서 그 점의 접선의 기울기
는 각각 변화한다. 그러므로 점 x_1을 임의의 점 x에서 생각하는 것으로 하면 그 점 x의 접선
의 기울기는

$$\frac{df(x)}{dx} = \lim_{h \to 0} \frac{f(x+h) - f(x)}{h}$$

로 나타낼 수 있게 된다. 이 식이 임의의 점 x에서 함수 $f(x)$의 미분의 정의식 (2.15)이다. 이상
의 내용으로부터 일반적으로 '미분은 기울기'라고 일컬어지는 것이다. 함수 $f(x)$를 미분하여 얻
어진 함수 $f'(x)$를 함수 $f(x)$의 도함수라고 한다.

예제 2.14

$f(x) = x^2$의 도함수를 정의식 (2.15)식을 이용하여 구하여라.

해답

$$\frac{df(x)}{dx} = \lim_{h \to 0} \frac{(x+h)^2 - x^2}{h} = \lim_{h \to 0} \frac{2hx + h^2}{h} = \lim_{h \to 0} (2x + h) = 2x$$

이다. 따라서 함수 $f(x) = x^2$의 미분은 $f^{'}(x) = 2x$가 된다.

예제 2.15

$f(x) = x^3$의 도함수를 정의식 (2.15)식을 이용하여 구하여라.

해답

$$\frac{df(x)}{dx} = \lim_{h \to 0} \frac{(x+h)^3 - x^3}{h} = \lim_{h \to 0} \frac{3x^2 h + 3xh^2 + h^3}{h} = 3x^2$$

예제 2.16

$f(x) = x^n$의 도함수를 정의식 (2.15)식을 이용하여 구하여라.

해답

$$\frac{df(x)}{dx} = \lim_{h \to 0} \frac{(x+h)^n - x^n}{h}$$

(2.37)식의 이항정리에 의해

$$(x+h)^n = x^n + nx^{n-1}h + \frac{1}{2!}n(n-1)x^{n-2}h^2 + \cdots + nxh^{n-1} + h^n$$

따라서

$$\frac{df(x)}{dx} = \lim_{h \to 0} \frac{(x+h)^n - x^n}{h} = nx^{n-1}$$

예제 2.17

$f(x) = \sin x$의 도함수를 정의식 (2.15)식을 이용하여 구하여라.

해답

$$\frac{df(x)}{dx} = \lim_{h \to 0} \frac{\sin(x+h) - \sin x}{h}$$

여기서 삼각함수의 덧셈과 뺄셈을 곱셈으로 변환하는 공식 (1.72)식

$$\sin A - \sin B = 2\cos\frac{A+B}{2}\sin\frac{A-B}{2}$$

와 (2.12)식을 이용하여

$$\frac{df(x)}{dx} = \lim_{h \to 0} \frac{2\cos\left(x + \frac{h}{2}\right)\sin\frac{h}{2}}{h} = \lim_{h \to 0}\cos\left(x + \frac{h}{2}\right) \cdot \frac{\sin\frac{h}{2}}{\frac{h}{2}} = \cos x$$

이다.

$f(x) = \cos x$의 도함수를 정의식 (2.15)식을 이용하여 구하여라.

해답

$$\frac{df(x)}{dx} = \lim_{h \to 0} \frac{\cos(x+h) - \cos x}{h} = \lim_{h \to 0} \frac{-2\sin\left(x + \frac{h}{2}\right)\sin\frac{h}{2}}{h} = -\sin x$$

이다. 여기에서도 (2.12)식을 사용하고 있다.

$f(x) = e^x$의 도함수를 정의식 (2.15)식을 이용하여 구하여라.

해답

$$\frac{df(x)}{dx} = \lim_{h \to 0} \frac{e^{x+h} - e^x}{h} = e^x \lim_{h \to 0} \frac{e^h - 1}{h} = e^x$$

이 결과에서 알 수 있듯이 지수함수 e^x는 미분을 하여도 형태가 변하지 않는 특이한 함수이다. 또한, 극한의 계산에서는 (2.14)식을 이용하고 있다.

$f(x) = \log_e x$의 도함수를 정의식 (2.15)식을 이용하여 구하여라.

해답

$$\frac{df(x)}{dx} = \lim_{h \to 0} \frac{\log_e(x+h) - \log_e x}{h} = \lim_{h \to 0} \frac{\log_e \frac{x+h}{x}}{h}$$

$$= \frac{1}{x} \lim_{h \to 0} \frac{\log_e \left(1 + \dfrac{h}{x} \right)}{\dfrac{h}{x}} = \frac{1}{x}$$

이다. 또한, 극한의 계산에서는 (2.13)식을 이용하고 있다.

예제 2.21

$f(x) = a^x$의 도함수를 정의식 (2.15)식을 이용하여 구하여라.

해답

$$\frac{df(x)}{dx} = \lim_{h \to 0} \frac{a^{x+h} - a^x}{h} = a^x \lim_{h \to 0} \frac{a^h - 1}{h} = a^x \log_e a$$

또한, 예제 2.10의 결과를 이용하고 있다.

2-3 미분 공식

미분에는 정의식이 있지만 실제로 하나하나 정의식으로 돌아가 계산하는 경우는 거의 없다. 초등함수라고 불리는 기본적인 함수에 대해 정의식을 토대로 도함수를 구한 후, (2.16)부터 (2.22)식의 공식을 사용하여 다양한 함수의 도함수를 구한다. 아래의 미분 기호 ′는 미분되는 항을 단순하게 표기하기 위해 사용하고 있다.

❶ 함수의 덧셈과 뺄셈에 대한 미분

$$\{ f(x) \pm g(x) \}' = f'(x) \pm g'(x) \tag{2.16}$$

❷ 함수의 곱셈에 대한 미분

$$\{ f(x)g(x) \}' = f'(x)g(x) + f(x)g'(x) \tag{2.17}$$

❸ 함수의 나눗셈에 대한 미분

$$\left\{ \frac{f(x)}{g(x)} \right\}' = \frac{f'(x)g(x) - f(x)g'(x)}{g(x)^2} \tag{2.18}$$

❹ 합성함수의 미분 (연쇄법칙)

$$y = f(z),\, z = g(x) \text{ 일 때 } \frac{dy}{dx} = \frac{dy}{dz}\frac{dz}{dx} \tag{2.19}$$

❺ 로그의 미분

$$\frac{d}{dx}\log_e|f(x)| = \frac{f'(x)}{f(x)} \tag{2.20}$$

❻ 역함수의 미분

$$y = f(x) \text{의 역함수가 } x = f^{-1}(y) \text{일 때 } \frac{dx}{dy} = \frac{1}{\dfrac{dy}{dx}} \tag{2.21}$$

❼ 매개변수 표시의 미분

$$y = f(t),\, x = g(t) \text{일 때 } \frac{dy}{dx} = \frac{\dfrac{dy}{dt}}{\dfrac{dx}{dt}} \tag{2.22}$$

예제 2.22

$y = xe^x$ 의 도함수를 구하여라.

해답 ❷의 보기이다. $f(x) = x,\ g(x) = e^x$ 으로 하면

$$\frac{dy}{dx} = f'(x)g(x) + f(x)g'(x) = 1 \cdot e^x + xe^x = e^x(x+1)$$

예제 2.23

$y = \dfrac{x-1}{x+1}$ 의 도함수를 구하여라.

해답 ❸의 보기이다.

$$\frac{dy}{dx} = \frac{(x-1)'(x+1) - (x-1)(x+1)'}{(x+1)^2} = \frac{2}{(x+1)^2}$$

예제 2.24

$y = \tan x$의 도함수를 구하여라.

해답 ❸의 보기이다.

$$\frac{dy}{dx} = \frac{d}{dx}\left(\frac{\sin x}{\cos x}\right) = \frac{\cos^2 x + \sin^2 x}{\cos^2 x} = \frac{1}{\cos^2 x} = \sec^2 x$$

예제 2.25

$y = a^x$의 도함수를 구하여라.

해답 예제 2.21과 같은 문제이다. 여기에서는 ❹를 적용하여 생각해 보자.

$a^x = e^{x \log_e a}$이라고 쓸 수 있다(양변에 로그(log)를 취해 확인해 보자).

$z = x \log_e a$로 놓으면 $y = a^x = e^z$이므로

$$\frac{dy}{dx} = \frac{dy}{dz}\frac{dz}{dx} = e^z \log_e a = a^x \log_e a$$

예제 2.26

$y = \sin^n x$의 도함수를 구하여라.

해답 이것도 ❹의 보기이다. $z = \sin x$로 놓으면 $y = z^n$이므로

$$\frac{dy}{dx} = \frac{dy}{dz}\frac{dz}{dx} = nz^{n-1}\cos x = n\sin^{n-1}x\cos x$$

예제 2.27

$y = \sqrt{1+x^2}$의 도함수를 구하여라.

해답 이것도 ❹의 보기이다. $z = 1 + x^2$으로 하면 $y = z^{\frac{1}{2}}$이므로

$$\frac{dy}{dx} = \frac{dy}{dz}\frac{dz}{dx} = \frac{1}{2}z^{-\frac{1}{2}} \cdot 2x = \frac{x}{\sqrt{1+x^2}}$$

$y = x^x$의 도함수를 구하여라(단, $x > 0$).

해답 ❺의 보기이다. $f(x) = x^x$으로 하면

$$\frac{d}{dx}(\log_e |f(x)|) = \frac{f'(x)}{f(x)} \text{ 이므로 } f'(x) = f(x)\frac{d}{dx}(\log_e |f(x)|)\text{가 되므로}$$

$$f'(x) = x^x \frac{d}{dx}(\log_e x^x) = x^x \frac{d}{dx}(x \log_e x) = x^x(\log_e x + 1)$$

예제 2.29

$y = \sin^{-1} x$의 도함수를 구하여라$\left(\text{단, } |y| \leq \frac{\pi}{2}\right)$.

해답 ❻의 보기이다. $x = \sin y$이므로 양변을 y로 미분해서 $\frac{dx}{dy} = \cos y$가 되므로

$\sin^2 y + \cos^2 y = 1$을 이용하여

$$\frac{dy}{dx} = \frac{1}{\cos y} = \frac{1}{\sqrt{1 - x^2}}$$

예제 2.30

$y = \cos^{-1} x$의 도함수를 구하여라 (단, $0 \leq y \leq \pi$).

해답 ❻의 보기이다. $x = \cos y$이므로 양변을 y로 미분해서 $\frac{dx}{dy} = -\sin y$가 되므로

$$\frac{dy}{dx} = \frac{-1}{\sin y} = \frac{-1}{\sqrt{1 - x^2}}$$

예제 2.31

$y = \tan^{-1} x$의 도함수를 구하여라$\left(\text{단, } |y| < \frac{\pi}{2}\right)$.

해답 ❻의 보기이다. $x = \tan y$이므로 양변을 y로 미분해서

$$\frac{dx}{dy} = \frac{d}{dy}(\tan y) = \sec^2 y$$

여기서 $1 + \tan^2 y = \sec^2 y$이므로 $\sec^2 y = 1 + x^2$이 된다. 따라서

$$\frac{dy}{dx} = \frac{1}{1+x^2}$$

예제 2.32

$y = \sin t$, $x = \cos t$일 때 $\dfrac{dy}{dx}$를 구하여라.

해답 이 문제는 t를 매개변수로 한 함수의 표현으로 ❼의 보기이다.

$$\frac{dy}{dt} = \cos t, \quad \frac{dx}{dt} = -\sin t$$

이므로

$$\frac{dy}{dx} = \frac{\cos t}{-\sin t} = -\frac{1}{\tan t}$$ 이다. 매개변수를 소거하면

$$\frac{dy}{dx} = -\frac{x}{y}$$

가 된다.

또한, 예제 2.32에서 도함수에 변수 y가 포함되어 있는 것에 의문을 느끼는 독자가 있을지도 모른다. 이것에 대해서는 양함수와 음함수에 대하여 설명할 필요가 있다.

$$y = f(x) \tag{2.23}$$

의 함수 표현을 y는 x의 양함수라고 한다. x의 값에 대하여 y의 값이 정해진다라는 함수의 기본적인 표현이다. 이에 반해

$$F(x, y) = 0 \tag{2.24}$$

이라는 함수의 표현 형식도 있다. 이 형식의 함수 표현을 y는 x의 음함수라고 부른다. 예를 들면 원의 방정식 $x^2 + y^2 = r^2$은 $x^2 + y^2 - r^2 = 0$이라는 음함수의 보기이다.

예제 2.33

예제 2.32의 $y = \sin t$, $x = \cos t$에서 매개변수 t를 소거한 음함수 표현을 구하여라.

해답 $\sin^2 t + \cos^2 t = 1$이라는 공식이 있으므로 $x^2 + y^2 = 1$이다.

즉, $F(x, y) = x^2 + y^2 - 1 = 0$이 된다.

예제 2.34

예제 2.33의 $F(x, y)$에 대하여 도함수 $\dfrac{dy}{dx}$를 구하여라.

해답 $F(x, y) = x^2 + y^2 - 1 = 0$에서 x를 독립변수, y를 x의 함수로 보고

$x^2 + y^2 - 1 = 0$을 x로 미분하면 $2x + 2y\dfrac{dy}{dx} = 0$이므로

$$\frac{dy}{dx} = -\frac{x}{y}$$

이다. 이것은 매개변수를 이용한 미분 결과와 일치하고 있다.

2-4 미분에 관한 여러 정리

함수 $f(x)$에 대해 다음과 같은 정리가 있다. 롤의 정리, 평균값의 정리는 증명 문제로 자주 이용된다. 또한, 함수의 테일러 전개(Taylor polynomial), 마크롤린 전개(Maclaurin polynomial)는 공학에서 매우 중요한 것이다. 로피탈의 정리(L'Hopital's Theorem)는 부정형의 극한값을 구할 때 사용된다.

1 롤의 정리(Rolle's Theorem)

함수 $f(x)$가 닫힌구간 $[a, b]$에 연속적이며 동시에 열린구간 (a, b)에서도 미분할 수 있도록 한다. 이때

$f(a) = f(b)$라면

$f'(c) = 0 \ (a \leq c \leq b)$　　　(2.25)

이 되는 실수 c가 적어도 한 개 존재한다.

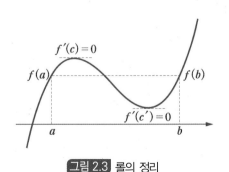

그림 2.3 롤의 정리

이 정리는 그림 2.3을 보고 감각적으로 이해하는 것으로 충분하다. $a \le c \le b$에서 함수 $f(x)$가 연속이면 기울기가 0이 되는 점이 적어도 한 개는 존재한다는 의미이다. 또한, 수학에서는 $[a, b]$는 양끝의 a, b를 포함하는 영역으로 폐구간이고 (a, b)는 양끝의 a, b를 포함하지 않는 영역으로서 개구간이라는 표현을 사용하고 있다.

2 평균값의 정리(mean value theorem)

함수 $f(x)$가 닫힌구간 $[a, b]$에서 연속적이면서 열린구간 (a, b)에서 미분할 수 있도록 한다. 이때

$$f'(c) = \frac{f(b) - f(a)}{b - a} \ \ (a \le c \le b)$$

(2.26)

가 되는 실수 c가 적어도 한 개 존재한다. 이 것이 롤의 정리를 일반화한 것이다.

$f(a)$와 $f(b)$를 연결하는 직선의 기울기와 같은 미분계수를 가지는 점이 $a \le c \le b$의 사이에 적어도 한 개 존재한다는 정리이다.

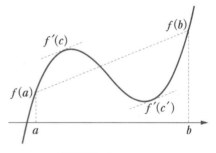

그림 2.4 평균값의 정리

3 테일러 전개(Taylor polynomial)

함수 $f(x)$가 닫힌구간 $[a, b]$에서 연속하여 미분이 가능할 때

$$f(x) = f(a) + f'(a)(x - a) + \frac{f''(a)}{2!}(x - a)^2 + \cdots + \frac{f^{(n)}(a)}{n!}(x - a)^n + R_n$$

$$R_n = \frac{f^{(n+1)}\{a + \theta(x - a)\}}{(n+1)!}(x - a)^{n+1} \ \ (0 < \theta < 1)$$

(2.27)

을 함수 $f(x)$의 점 a에서의 테일러 전개라고 한다. $f^{(n)}(x)$는 $f(x)$의 n회 미분을 나타내고 있다. 또한 잉여항이라고 불리는 R_n은 약간 복잡한 형태를 하고 있지만 실제로는

$$\lim_{n \to \infty} R_n = 0$$

(2.28)

이 성립하는 경우에 사용되므로 공학에서는 잉여항을 신경 쓸 필요는 없다. 이때

$$f(x) = f(a) + f'(a)(x - a) + \frac{f''(a)}{2!}(x - a)^2 + \cdots + \frac{f^{(n)}(a)}{n!}(x - a)^n + \cdots$$

(2.29)

라고 표현하며 함수 $f(x)$의 테일러 급수 전개라고 한다. 함수 $f(x)$의 테일러 급수 전개

는 어떤 주어진 점 a에서 함수의 값과 미분계수를 이용하여 점 a에 가까이 있는 점 x의 함숫값 $f(x)$를 표현하는 것이다.

4 마크롤린 전개(Marclaurin polynomial)

테일러 전개의 특별한 경우로서 주어진 점이 $a=0$인 경우를 마크롤린 전개라고 한다. 또한, 테일러 급수 전개에 대응하여 마크롤린 급수 전개라고도 한다.

$$f(x) = f(0) + f'(0)x + \frac{f''(0)}{2!}x^2 + \cdots + \frac{f^{(n)}(0)}{n!}x^n + \cdots \tag{2.30}$$

대표적인 함수의 마크롤린 급수 전개는 다음과 같다.

① $e^x = 1 + x + \dfrac{x^2}{2!} + \dfrac{x^3}{3!} + \cdots + \dfrac{x^n}{n!} + \cdots \tag{2.31}$

② $\sin x = x - \dfrac{x^3}{3!} + \dfrac{x^5}{5!} + \cdots + (-1)^{n-1}\dfrac{x^{2n-1}}{(2n-1)!} + \cdots \tag{2.32}$

③ $\cos x = 1 - \dfrac{x^2}{2!} + \dfrac{x^4}{4!} + \cdots + (-1)^n\dfrac{x^{2n}}{(2n)!} + \cdots \tag{2.33}$

④ $\log(1+x) = x - \dfrac{x^2}{2} + \dfrac{x^3}{3} + \cdots + (-1)^{n-1}\dfrac{x^n}{n} + \cdots \tag{2.34}$

⑤ $(1+x)^\alpha = 1 + \alpha x + \dfrac{\alpha(\alpha-1)}{2!}x^2 + \cdots + \dfrac{\alpha(\alpha-1)\cdots(\alpha-n+1)}{n!}x^n + \cdots \tag{2.35}$

(2.35)식을 이항급수라고 한다. α는 임의의 실수이다. α가 양의 정수 m일 때는 $(m+1)$차 이후의 미분계수는 0이 되므로 x^m까지의 유한급수가 된다.

$$(1+x)^m = 1 + mx + \frac{m(m-1)}{2!}x^2 + \cdots + mx^{m-1} + x^m \tag{2.36}$$

이다. 이것이 이항정리이다.

$$(a+b)^n = a^n + na^{n-1}b + \frac{n(n-1)}{2!}a^{n-2}b^2 + \cdots + nab^{n-1} + b^n \tag{2.37}$$

예제 2.35

$\dfrac{1}{1+x}$을 마크롤린 급수 전개하여라.

해답 $f(x) = (1+x)^{-1}$이다. (2.35)식에서 $\alpha = -1$의 경우이므로

$$(1+x)^{-1} = 1 - x + x^2 - x^3 + x^4 - \cdots$$

예제 2.36

$\dfrac{1}{1-x}$을 마크롤린 급수 전개하여라.

해답 $f(x) = (1-x)^{-1}$이다. (2.35)식에서 $x = -x$, $\alpha = -1$인 경우이므로

$$(1-x)^{-1} = 1 + x + x^2 + x^3 + x^4 + \cdots$$

예제 2.37

e^{ix}의 급수 전개식에 대하여 고찰하여라.

해답 (2.31)식에서 x를 대신하여 ix를 대입하면,

$$e^{ix} = 1 + ix + \frac{(ix)^2}{2!} + \frac{(ix)^3}{3!} + \frac{(ix)^4}{4!} + \cdots$$

$$= \left(1 - \frac{x^2}{2!} + \frac{x^4}{4!} - \cdots\right) + i\left(x - \frac{x^3}{3!} + \frac{x^5}{5!} - \cdots\right) = \cos x + i \sin x$$

이며 이것이 오일러의 공식이다. 그리고 ix를 $-ix$로 치환하면

$$e^{-ix} = \cos x - i \sin x$$

가 되며, 이 2개식의 합과 차에서 다음과 같은 표현을 얻을 수 있다.

$$\cos x = \frac{e^{ix} + e^{-ix}}{2} \ , \ \sin x = \frac{e^{ix} - e^{-ix}}{2i}$$

5 로피탈의 정리(L'Hopial's Theorem)

함수의 극한값 부분에서 이미 소개한 정리이다.

$$\lim_{x \to a} \frac{g(x)}{f(x)} = \lim_{x \to a} \frac{g'(x)}{f'(x)} \tag{2.38}$$

이 정리는 평균값의 정리를 일반화한 코시의 평균값 정리(참고문헌 1, 62쪽 참조)를 이용하여 증명할 수 있지만 그 증명이 특별히 중요한 것은 아니다. $\dfrac{g(x)}{f(x)}$ 와 $\dfrac{g'(x)}{f'(x)}$ 는 동일한 극한값에 수렴한다는 것을 기억해 두었다가 사용하는 편이 현명하다.

(1) $\displaystyle\lim_{x \to 0} \frac{\log_e(1+x)}{x} = 1$ (2) $\displaystyle\lim_{x \to 0} \frac{e^x - 1}{x} = 1$

(3) $\displaystyle\lim_{x \to 0} \frac{a^x - 1}{x} = \log_e a$

를 확인하여라.

해답   2-1절의 예제 2.8, 예제 2.9, 예제 2.10과 동일한 문제이다. 모두 부정형이므로 로피탈의 정리를 사용하면 쉽게 같은 결과를 얻을 수 있다.

(1) (2.38)식에서 $f(x) = x$, $g(x) = \log_e(1+x)$로 놓으면

$$f'(x) = 1, \quad g'(x) = \frac{1}{1+x} \ \text{이다}(z = 1+x \text{으로 놓고 (2.19)식을 사용한다}).$$

따라서

$$\lim_{x \to 0} \frac{\log_e(1+x)}{x} = \lim_{x \to 0} \frac{1}{1+x} = 1$$

(2) (2.38)식에서 $f(x) = x$, $g(x) = e^x - 1$로 놓으면 $f'(x) = 1$, $g'(x) = e^x$ 이다. 따라서

$$\lim_{x \to 0} \frac{e^x - 1}{x} = \lim_{x \to 0} e^x = 1$$

(3) (2.38)식에서 $f(x) = x$, $g(x) = a^x - 1$로 놓으면 $f'(x) = 1$, $g'(x) = a^x \log_e a$ 이다(예제 2.25). 따라서

$$\lim_{x \to 0} \frac{a^x - 1}{x} = \lim_{x \to 0} a^x \log_e a = \log_e a$$

2-5 적분

어떤 함수 $f(x)$를 적분하면 새로운 다른 형태의 함수 $F(x)$를 얻을 수 있다. 이 함수 $F(x)$를 함수 $f(x)$의 원시함수라고 한다. 그러나 적분에 관한 정의식은 없다. 함수 $f(x)$에서 원시함수 $F(x)$를 구하는 계산식은 주어져 있지 않다. 수학에서는 미적분학으로 하나로 합쳐 부르지만 미적분학의 골격을 이루고 있는 것은 함수의 미분에 관한 정의식뿐이다.

적분은 미분의 정의를 이용하여 정의된다. '어떤 함수 $F(x)$를 미분하면 함수 $f(x)$를 얻을 수 있다. 그러한 함수 $F(x)$를 함수 $f(x)$의 원시함수(적분)이라고 한다'로 정의할 수 있다. 수식으로 표현하면

$$\frac{d}{dx}F(x) = f(x) \tag{2.39}$$

이다. 미분은 정의식에 따라 계산할 수 있지만 적분은 원시함수를 찾아내는 행위이다.

함수 $f(x)$의 적분 기호는 $\int f(x)dx$라고 쓰고 $\int$는 인테그럴이라고 읽는다. 인테그럴은 영어로 적분(integral)이다. dx는 미분의 경우와 마찬가지로 아주 작은 양을 의미한다. 그러나 $\int f(x)dx$라고 써도 적분에는 정의식이 없으므로 더 이상 수식을 전개해 나갈 수가 없다. 미분하면 $f(x)$가 될 것 같은 함수 $F(x)$를 찾아내어

$$\int f(x)dx = F(x) \tag{2.40}$$

라고 쓸 수 밖에 없다. 찾아내는 방법으로서는 미분의 연산에서 도함수의 형태를 많이 외워두는 방법 밖에 없다. 도함수에서 보면 미분하기 전 원래 형태의 함수가 원시함수로 되어 있기 때문이다. 적분 계산이란 것은 자명한 도함수의 형태를 얻을 수 있도록 피적분함수의 형태를 변형시키고 있을 뿐이다.

적분에는 2종류가 있어서 $\int f(x)dx$는 부정적분이라고 하고 $\int_a^b f(x)dx$는 정적분이라고 한다. 여기서 '부정'이라든지 '정'이라는 것은 적분하는 범위가 '정해져 있지 않다', '정해져 있다'는 의미로 부정적분의 결과는 x의 함수로서 원시함수 $F(x)$가 얻어지고, 정적분의 결과는 $F(b) - F(a)$가 되는 특정한 값을 얻어진다. 정적분 기호 중에서 a, b는 $a \le x \le b$의 범위에서 $f(x)$를 적분한다는 의미이다. 그러나, 정적분이든 부정적분이든 원시함수 $F(x)$를 구해야 한다.

2-6 적분의 기하학적 의미

적분의 기하학적 의미를 이해하기 쉬운 것은 정적분의 경우이다. 그림 2.5에서 함수 $f(x)$ 와 $a \le x \le b$ 범위의 x축으로 둘러싸인 면적을 구하는 경우, 그림에서 표시한 것처럼 폭이 dx인 작은 직사각형으로 분할하여 그 면적을 모두 더하면 될 것이다.

dx를 잘게 나눌수록 정확한 값을 얻을 수 있다. $\displaystyle\int_a^b f(x)dx$의 $f(x)dx$는 $f(x) \times dx$를 뜻 하며, $f(x)$는 함수의 값, 즉 직사각형의 높이를 나타내고 있으므로 직사각형의 면적에 해당한 다. 적분 기호의 $\displaystyle\int_a^b$는 a에서 b까지의 모든 직사각형을 더한다는 의미이다. 직사각형의 면적 을 $a \le x \le b$의 범위에서 전부 더하면 dx를 무한히 작게 선택하였을 때, 함수 $f(x)$와 $a \le x \le b$의 축으로 둘러싸인 면적이 된다. 즉,

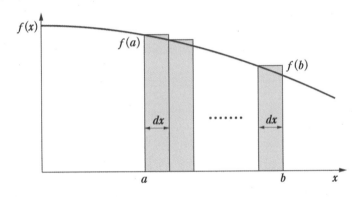

그림 2.5 적분의 기하학적 의미

정적분은 면적 S를 나타내고 있다.

$$\sum_i f(x_i)dx = \int_a^b f(x)dx = S \tag{2.41}$$

이 면적 S의 값이 원시함수 $F(x)$를 이용하면 $F(b) - F(a)$가 되는 것이다. 그러면 왜 면 적 S가 원시함수 $F(x)$를 이용하여 표현되는 것일까? 일차함수 $f(x) = x$의 경우는 기하학적 으로 확인이 가능하다. 2-2절에 나타낸 바와 같이 이차함수 $f(x) = x^2$의 미분은 $f'(x) = 2x$ 이다. 이 관계에서 $f(x) = x$라는 함수의 원시함수는 $F(x) = \dfrac{x^2}{2}$이라는 것을 알 수 있다.

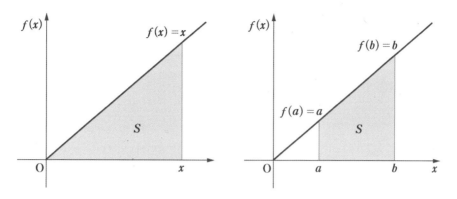

그림 2.6 정적분의 기하학적 의미

우선, 왼쪽 그림에서 밑변이 x인 경우, 높이도 x가 되므로 삼각형의 면적은

$$S = \frac{1}{2}x^2 \tag{2.42}$$

가 된다. 이 S가 함수 $f(x) = x$의 원시함수 $F(x)$이다. 따라서 오른쪽 그림에서 $a \le x \le b$의 범위에서 함수 $f(x) = x$가 둘러싸고 있는 면적 S는

$$S = \int_0^b x \, dx - \int_0^a x \, dx = \frac{1}{2}b^2 - \frac{1}{2}a^2 = F(b) - F(a) \tag{2.43}$$

이다. 일반적으로 함수 $f(x)$의 원시함수를 $F(x)$로 할 때, 정적분의 값은

$$\int_a^b f(x)dx = F(b) - F(a) \tag{2.44}$$

로 주어진다. (2.44)식의 증명에 대한 자세한 내용은 참고문헌 1의 95쪽을 참조하기 바란다.

2-7 미분과 적분의 관계

적분의 정의를 한 번 더 쓰면

$$\frac{d}{dx}F(x) = f(x)$$

이었다. 따라서 함수 $f(x)$의 원시함수 $F(x)$가 한 개 발견되었을 경우,

$$\{F(x) + c_1\} \ , \ \{F(x) + c_2\} \tag{2.45}$$

가 모두 적분의 요건을 충족하게 된다. c_1, c_2는 상수이다. 따라서 c를 상수로 하면 부정적분의 결과는 일반적으로 $F(x) + c$로 표현된다. 이 c를 적분상수라고 한다. 정적분의 경우에는 적분상수가 붙지 않는다. 여기서 미분과 적분의 관계를 정리해 보자.

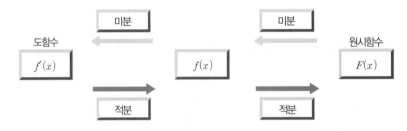

그림 2.7 미분과 적분의 관계

함수 $f(x)$가 일차함수인 경우는 다음과 같이 된다.

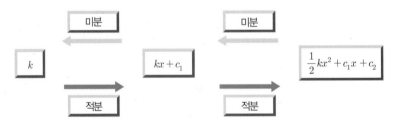

그림 2.8 미분과 적분 관계의 구체적인 예

공학에서 실제로 적분이 필요한 경우는 도함수 $f'(x)$를 먼저 알고 있는 상태에서 함수 $f(x)$를 구할 때가 대부분이다. 그 이유는 제 3장에서 설명하는 미분방정식에 있다.

| 표 2.1 | 대표적인 함수의 도함수와 원시함수 |

도함수 $f'(x)$	함수 $f(x)$	원시함수 $F(x)$
0	k (상수)	kx
nx^{n-1}	x^n	$\dfrac{1}{n+1}x^{n+1}$
e^x	e^x	e^x
ae^{ax}	e^{ax} (a는 상수)	$\dfrac{1}{a}e^{ax}$
$a^x \log_e a$ 주	a^x (지수함수)	$\dfrac{1}{\log_e a}a^x$
$\dfrac{1}{x}$	$\log_e|x|$ (로그함수)	$x\log_e|x| - x$
$\cos x$	$\sin x$ (삼각함수)	$-\cos x$
$-\sin x$	$\cos x$ (삼각함수)	$\sin x$
$\sec^2 x$	$\tan x$ (삼각함수)	$-\log_e|\cos x|$
$-\operatorname{cosec}^2 x$	$\cot x$	$\log_e|\sin x|$
$\dfrac{1}{1+x^2}$	$\tan^{-1} x$	$x\tan^{-1}x - \dfrac{1}{2}\log_e(1+x^2)$
$\dfrac{1}{\sqrt{1-x^2}}$	$\sin^{-1} x$	$x\sin^{-1}x + \sqrt{1-x^2}$

주 : $a^x = e^{x\log_e a}$ 으로 변형할 수 있다. 양변에 자연로그를 취해 확인할 것.

공학에서의 문제는 미분방정식으로 표현되는 것이 많다. 미분방정식을 푸는 것은 함수를 구하는 것, 즉 적분하는 것이다.

대표적인 함수의 도함수·원시함수를 표2.1에 정리하여 나타내었다. 원시함수 항에서는 적분상수가 생략되어 있다. e^x이라는 지수함수는 미분을 해도 적분을 해도 함수의 형태는 변하지 않고 그대로 e^x의 형태이다.

2-8 적분 방법

1 선형성

미분의 경우와 마찬가지로 적분에서도

$$\int \{f(x) \pm g(x)\}dx = \int f(x)dx \pm \int g(x)dx \tag{2.46}$$

가 성립한다.

예제 2.39

부정적분 $\displaystyle\int (x^2 + \frac{2}{x})dx$ 를 구하여라.

해답

$$\int (x^2 + \frac{2}{x})dx = \int x^2 dx + \int \frac{2}{x}dx = \frac{1}{3}x^3 + 2\log|x| + c$$

2 치환적분법

$\displaystyle\int f(x)dx$ 에서 $x = g(t)$ 로 치환하면 $dx = g'(t)dt$ 이므로

$$\int f(x)dx = \int f\{g(t)\}g'(t)dt \tag{2.47}$$

가 성립한다. (2.47)식의 사용법은 다음 예제를 통해 익히기 바란다.

예제 2.40

부정적분 $\displaystyle\int e^{ax}dx$ 를 구하여라.

해답 $ax = t$ 로 놓으면 $dx = \dfrac{1}{a}dt$ 이므로

$$\int e^{ax}dx = \frac{1}{a}\int e^t dt = \frac{1}{a}e^t = \frac{1}{a}e^{ax} + c$$

이다. 치환적분에서는 독립변수 x 를 다른 변수로 치환한 경우, dx 도 포함하여 모든 x 를 치환해야 한다. 또한 (2.47)식에서 생각하면 $x = \dfrac{1}{a}t = g(t)$ 이지만 $g(t)$ 라는 함수를 특별히 의식할 필요는 없다.

예제 2.41

부정적분 $\displaystyle\int \frac{1}{a^2+x^2}\,dx$를 구하여라.

해답

$$\int \frac{1}{a^2+x^2}\,dx = \frac{1}{a^2}\int \frac{1}{1+\left(\dfrac{x}{a}\right)^2}\,dx$$

여기서 $\dfrac{x}{a}=t$로 놓으면 $x=at,\ dx=adt$이므로

$$\int \frac{1}{a^2+x^2}\,dx = \frac{1}{a^2}\int \frac{a}{1+t^2}\,dt = \frac{1}{a}\tan^{-1}t+c = \frac{1}{a}\tan^{-1}\frac{x}{a}+c$$

예제 2.42

부정적분 $\displaystyle\int \frac{1}{\sqrt{a^2-x^2}}\,dx$를 구하여라(단, $a>0$).

해답

$$\int \frac{1}{\sqrt{a^2-x^2}}\,dx = \frac{1}{a}\int \frac{1}{\sqrt{1-\left(\dfrac{x}{a}\right)^2}}\,dx$$

여기서 $\dfrac{x}{a}=t$로 놓으면 $x=at,\ dx=adt$이므로

$$\int \frac{1}{\sqrt{a^2-x^2}}\,dx = \frac{1}{a}\int \frac{1}{\sqrt{1-t^2}}\,adt = \sin^{-1}t+c = \sin^{-1}\frac{x}{a}+c$$

예제 2.43

부정적분 $\displaystyle\int x\sqrt{x+a}\,dx$를 구하여라.

해답 제 $\sqrt{x+a}=t$로 놓으면 $x=t^2-a$이다. $x=t^2-a$를 t로 미분하면

$dx=2tdt$이다. 또한 $x\sqrt{x+a}=(t^2-a)t$이므로

$$\int x\sqrt{x+a}\,dx = \int (t^2-a)t2tdt = 2\int (t^4-at^2)dt = \frac{2}{5}t^5 - \frac{2a}{3}t^3 + c$$

$$= \frac{2}{5}(x+a)^2\sqrt{x+a} - \frac{2a}{3}(x+a)\sqrt{x+a} + c$$

부정적분 $\displaystyle\int \frac{1}{\sqrt{x^2+a}}\,dx$를 구하여라.

해답 $\sqrt{x^2+a}=t-x$로 놓으면 양변을 제곱하여 $x^2+a=t^2-2tx+x^2$에서

$$x=\frac{t^2-a}{2t},\ dx=\frac{t^2+a}{2t^2}dt가\ 되므로$$

$$\int \frac{1}{\sqrt{x^2+a}}dx=\int \frac{1}{t-\dfrac{t^2-a}{2t}}\,\frac{t^2+a}{2t^2}dt=\int \frac{1}{t}dt=\log_e|t|+c$$

$$=\log_e\left|x+\sqrt{x^2+a}\right|+c$$

예제 2.45

부정적분 $\displaystyle\int \sqrt{a^2-x^2}\,dx$를 구하여라(단, $a>0$).

해답 $x=a\sin t,\ -\dfrac{\pi}{2}\le t\le \dfrac{\pi}{2}$로 놓을 수 있다.

이때 $dx=a\cos t\,dt$이므로

$$\int \sqrt{a^2-x^2}\,dx=\int a\cos t\cdot a\cos t\,dt=\frac{a^2}{2}\int (1+\cos 2t)dt$$

$$=\frac{a^2}{2}\left(t+\frac{1}{2}\sin 2t\right)+c$$

여기서 $\sin t=\dfrac{x}{a}$이므로 $t=\sin^{-1}\dfrac{x}{a}\left(-\dfrac{\pi}{2}\le t\le \dfrac{\pi}{2}\right)$이다.

또한,

$$\cos t=\sqrt{1-\sin^2 t}=\sqrt{1-\frac{x^2}{a^2}}=\frac{\sqrt{a^2-x^2}}{a}$$

$\sin 2t=2\sin t\cos t=2\dfrac{x}{a}\dfrac{\sqrt{a^2-x^2}}{a}$이므로

$$\int \sqrt{a^2-x^2}\,dx=\frac{1}{2}\left(a^2\sin^{-1}\frac{x}{a}+x\sqrt{a^2-x^2}\right)+c$$

3 로그미분의 응용

$$\int \frac{f'(x)}{f(x)} dx = \log_e |f(x)| \tag{2.48}$$

예제 2.46

부정적분 $\int \tan x \, dx$, $\int \cot x \, dx$ 를 구하여라.

해답

$$\int \tan x \, dx = \int \frac{\sin x}{\cos x} dx = \int \frac{-(\cos x)'}{\cos x} dx = -\log_e |\cos x| + c$$

$$\int \cot x \, dx = \int \frac{\cos x}{\sin x} dx = \int \frac{(\sin x)'}{\sin x} dx = \log_e |\sin x| + c$$

예제 2.47

부정적분 $\int \frac{1}{x^2 - a^2} dx$ 를 구하여라(단, $a \neq 0$).

해답

$$\int \frac{1}{x^2 - a^2} dx = \frac{1}{2a} \int \left(\frac{1}{x-a} - \frac{1}{x+a} \right) dx$$

$$= \frac{1}{2a} (\log_e |x-a| - \log_e |x+a|) + c = \frac{1}{2a} \log_e \left| \frac{x-a}{x+a} \right| + c$$

4 부분적분법

함수의 곱셈 형태의 미분

$$\{f(x)g(x)\}' = f'(x)g(x) + f(x)g'(x) \tag{2.49}$$

에 대응한 적분 공식을 부분적분법이라고 한다. (2.49)식의 양변을 적분하여 이항하면,

$$\int f(x)g'(x) dx = f(x)g(x) - \int f'(x)g(x) dx \tag{2.50}$$

이 공식은 다음과 같은 형태로 쓸 수도 있다.

$$\int f(x)g(x) dx = f(x) \int g(x) dx - \int f'(x) \int g(x) dx \, dx \tag{2.51}$$

(2.50)식에서 좌변의 $g'(x)$ 를 새로 $g(x)$ 로 고쳐 쓰면, 우변의 $g(x)$ 는 $\int g(x) dx$ 가 된다. 이것이 (2.51)식이다.

부정적분 $\displaystyle\int \log_e x \, dx$를 구하여라(단, $x > 0$).

해답 먼저 (2.50)식을 생각한다.

$\displaystyle\int \log_e x \, dx$에서 $f(x) = \log_e x$, $g'(x) = 1$라고 생각한다. 이때 (2.50)식 우변은

$g(x) = \displaystyle\int g'(x) dx = \int 1 \cdot dx = x$라는 것을 고려하여

$$f(x)g(x) = x \log_e x$$

$$\int f'(x)g(x)dx = \int \frac{1}{x} \cdot x \, dx = \int 1 \cdot dx = x$$

그러므로, 다음과 같은 식을 얻을 수 있다.

$$\int \log_e x \, dx = x \log_e x - x + c$$

다음에 (2.51)식을 적용해 보자. 이때는 $f(x) = \log_e x$, $g(x) = 1$이라고 생각한다. 따라서 우변은

$$f(x) \int g(x) dx = \log_e x \int 1 \cdot dx = x \log_e x$$

$$\int f'(x) \int g(x) dx \, dx = \int \frac{1}{x} \cdot x \, dx = \int 1 \cdot dx = x$$

가 되어 (2.50)식의 경우와 동일한 결과를 얻을 수 있다. 처음에 $g'(x)$으로 볼 것인지 아니면 $g(x)$로 볼 것인지의 차이일 뿐이다.

부정적분 $\displaystyle\int \sqrt{x^2 + a} \, dx$를 구하여라.

해답 $f(x) = \sqrt{x^2 + a}$, $g(x) = 1$로 놓고 (2.51)식을 적용하면,

$$I = \int \sqrt{x^2 + a} \, dx = x \sqrt{x^2 + a} - \int \frac{x^2}{\sqrt{x^2 + a}} dx$$

$$= x \sqrt{x^2 + a} - \int \frac{x^2 + a - a}{\sqrt{x^2 + a}} dx = x \sqrt{x^2 + a} - \int \frac{x^2 + a}{\sqrt{x^2 + a}} dx$$

$$+ \int \frac{a}{\sqrt{x^2 + a}} dx = x\sqrt{x^2 + a} - \int \sqrt{x^2 + a}\, dx + a \int \frac{1}{\sqrt{x^2 + a}} dx$$

$$= x\sqrt{x^2 + a} - I + a \log_e |x + \sqrt{x^2 + a}|$$

이다. 여기서는 예제 2.44의 결과를 사용하고 있다. 따라서

$$I = \frac{1}{2} x\sqrt{x^2 + a} + \frac{a}{2} \log_e |x + \sqrt{x^2 + a}| + c$$

5 복합형

예제 2.50

부정적분 $\int \tan^{-1} x\, dx$ 를 구하여라.

해답 $y = \tan^{-1} x$ 로 놓으면 $x = \tan y$, $dx = \sec^2 y\, dy$ 이다.

$-\infty < x < \infty$ 이므로 $-\dfrac{\pi}{2} < y < \dfrac{\pi}{2}$ 라고 생각할 수 있다.

$$\int \tan^{-1} x\, dx = \int y \sec^2 y\, dy = y \int \sec^2 y\, dy - \iint \sec^2 y\, dy\, dy$$

$$= y \tan y - \int \tan y\, dy = y \tan y + \log_e (\cos y) + c$$

$$= x \tan^{-1} x + \log_e \frac{1}{\sqrt{1 + x^2}} + c$$

$$= x \tan^{-1} x - \frac{1}{2} \log_e (1 + x^2) + c$$

$\iint \sec^2 y\, dy\, dy$ 는 y 에 대해서 2회 연속하여 적분한다는 의미이다.

예제 2.51

부정적분 $\int \sin^{-1} x\, dx$ 를 구하여라.

해답 $y = \sin^{-1} x$ 로 놓으면 $x = \sin y$, $dx = \cos y\, dy$ 이다.

$-1 \leq x \leq 1$ 이므로 $-\dfrac{\pi}{2} \leq y \leq \dfrac{\pi}{2}$ 라고 생각할 수 있다.

$$\int \sin^{-1}x\,dx = \int y\cos y\,dy = y\int \cos y\,dy - \iint \cos y\,dy\,dy$$

$$= y\sin y + \cos y + c = x\sin^{-1}x + \sqrt{1-x^2} + c$$

예제 2.52

부정적분 $\displaystyle\int \frac{1}{x^3+1}\,dx$ 를 구하여라.

해답 $x^3+1 = (x+1)(x^2-x+1)$ 이므로 우선 부분분수로 분해한다.

$$\frac{1}{x^3+1} = \frac{A}{x+1} + \frac{Bx+C}{x^2-x+1}$$

라고 하면

$$A(x^2-x+1) + (Bx+C)(x+1) = 1$$

을 항등식으로 해서 풀면,

$$A+B=0, \ -A+B+C=0, \ A+C=1$$

이므로

$$A = \frac{1}{3}, \ B=-\frac{1}{3}, \ C=\frac{2}{3}$$

따라서

$$\int \frac{1}{x^3+1}\,dx = \frac{1}{3}\int \frac{1}{x+1}\,dx - \frac{1}{3}\int \frac{x-2}{x^2-x+1}\,dx$$

이다. 여기서

$$\int \frac{1}{x+1}\,dx = \log_e|x+1|$$

$$\int \frac{x-2}{x^2-x+1}\,dx = \frac{1}{2}\int \frac{2x-1-3}{x^2-x+1}\,dx$$

$$= \frac{1}{2}\int \frac{2x-1}{x^2-x+1}\,dx - \frac{3}{2}\int \frac{1}{x^2-x+1}\,dx$$

$$= \frac{1}{2}\log_e|x^2-x+1| - \frac{3}{2}\int \frac{1}{\left(x-\frac{1}{2}\right)^2+\frac{3}{4}}\,dx$$

$$= \frac{1}{2}\log_e|x^2-x+1| - \sqrt{3}\tan^{-1}\frac{2x-1}{\sqrt{3}}$$

따라서 (예제 2.41 참조)

$$\int \frac{1}{x^3+1}dx = \frac{1}{3}\log_e|x+1| - \frac{1}{6}\log_e|x^2-x+1| + \frac{1}{\sqrt{3}}\tan^{-1}\frac{2x-1}{\sqrt{3}} + c$$

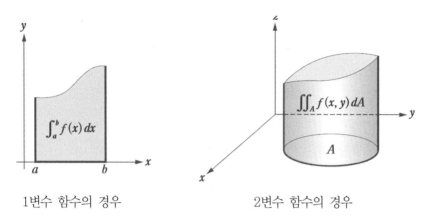

| 1변수 함수의 경우 | 2변수 함수의 경우 |

그림 2.9 적분 영역

2-9 다중 적분

역학에서는 물체의 중심 위치나 관성모멘트를 구할 때 2중 적분 또는 3중 적분이 필요하다. 이러한 것을 다중 적분이라고 한다. 다중 적분에서 실용적으로 필요한 것은 정적분이다. 지금까지의 정적분은 $y=f(x)$라는 1변수 함수를 독립변수 x에 관하여 폐구간 $[a, b]$의 범위에서 적분하여

$$\int_a^b f(x)dx \tag{2.52}$$

로 기술하였다. 그러나 $z=f(x, y)$와 같은 2변수 함수의 경우, 평면상의 어떤 면적을 적분 영역으로 하는 적분을 생각할 필요가 있다.

지금까지의 적분

$$\sum_i f(x_i)dx = \int_a^b f(x)dx \tag{2.53}$$

와 마찬가지로 2변수 함수는

$$\sum_i f(x_i,\,y_i)dA = \iint_A f(x,\,y)dA \tag{2.54}$$

이다. 여기서 면적요소 dA는 xy 평면의 경우,

$$dA = dxdy \tag{2.55}$$

이다. 마찬가지로 3변수 함수의 경우는

$$\sum_i f(x_i,\,y_i,\,z_i)dV = \iiint_V f(x,\,y,\,z)dV \tag{2.56}$$

$$dV = dxdydz \tag{2.57}$$

이다. 적분 영역이 입체가 되기 때문이다. 적분 기호를 표기하는 방법은

$$\iiint f(x,\,y,\,z)dxdydz \tag{2.58}$$

이라고 써도 되고

$$\int dx \int dy \int f(x,y,z)dz \tag{2.59}$$

라고 써도 상관없다. 단, 어느 경우든지 변수 x, y, z에 관한 적분 범위를 명시해야 한다. (2.58) 식의 경우에는 x, y, z의 순으로 적분한다. 또한 (2.59)식의 경우는 z, y, x 의 순으로 적분한다. 예를 들어 (2.59) 식의 경우, z에 관한 적분 범위는 x, y의 함수, y에 관한 적분 범위는 x의 함수이며, 마지막에 x에 관한 정적분이 되어 값이 확정된다. x, y, z가 완전히 독립된 경우는 각각 단독으로 적분할 수 있다.

예제 2.53

$a \le x \le b$, $c \le y \le d$의 직사각형을 적분 영역으로 하여 함수 $f(x,y) = h$를 적분하여라.

해답

$$\iint_A f(x,\,y)dA = \int_c^d \int_a^b f(x,\,y)dxdy = \int_c^d \left[\int_a^b h \cdot dx \right] dy$$
$$= h(b-a)\int_c^d dy = (b-a)(d-c)h$$

이다. 즉, $f(x,y) = h$의 경우는 바닥 면적이 $(b-a)(d-c)$이고 높이가 h인 직육면체의 체적을 구할 수 있다. $h = 1$의 경우는 적분 영역의 면적과 동일해진다. 또한, 적분 순서는 바꾸어도 관계없다.

3개의 직선 $y = x$, $y = 0$, $x = 1$로 둘러싸인 삼각형을 적분 영역으로 하여 함수 $f(x, y) = h$를 적분하여라.

해답   **풀이 1**

우선 x를 고정하고, y를 $0 \leq y \leq x$에서 적분한 후, x에 대해 $0 \leq x \leq 1$에서 적분한다. 임의로 고정한 x에 대해 y의 적분 범위는 $0 \leq y \leq x$ 가 된다(그림(a) 참조).

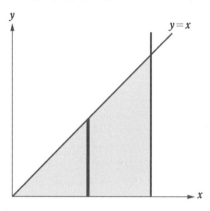 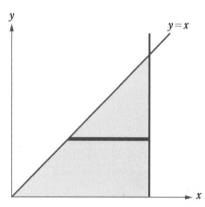

(a) x를 고정한 경우   (b) y를 고정한 경우

$$\iint_A h \cdot dxdy = \int_0^1 \int_0^x h \cdot dydx = h \int_0^1 xdx = h\left[\frac{1}{2}x^2\right]_0^1 = \frac{1}{2}h$$

풀이 2

우선 y를 고정하고, x를 $y \leq x \leq 1$에서 적분한 후, y에 대해 $0 \leq y \leq 1$에서 적분한다. 임의로 고정한 y에 대해 x의 적분 영역은 $y \leq x \leq 1$이 된다 (그림(b) 참조).

$$\iint_A h \cdot dxdy = \int_0^1 \int_y^1 h \cdot dxdy = h \int_0^1 (1-y)dy = h\left[y - \frac{1}{2}y^2\right]_0^1 = \frac{1}{2}h$$

어느 쪽이든 결과는 삼각기둥의 체적이다. 처음에 적분하는 변수의 적분 범위는 다음에 적분할 변수를 이용하여 나타내야 한다.

$x^2 + y^2 \leq a^2$를 적분 영역으로 하여 함수 $f(x, y) = h$를 적분하여라.

풀이 1

이 적분 영역은 원이다. 변수 x에 대해서
$-a \leq x \leq a$의 범위에서 적분하는 것을
생각하면 y의 적분 영역은

$$-\sqrt{a^2 - x^2} \leq y \leq \sqrt{a^2 - x^2}$$

이 된다.

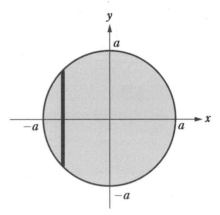

$$\iint_A h \cdot dxdy$$
$$= \int_{-a}^{a} \int_{-\sqrt{a^2-x^2}}^{\sqrt{a^2-x^2}} h \cdot dydx$$
$$= 2h \int_{-a}^{a} \sqrt{a^2 - x^2}\, dx$$
$$= 2h \left[\frac{a^2}{2} \sin^{-1} \frac{x}{a} + \frac{1}{2} x \sqrt{a^2 - x^2} \right]_{-a}^{a} = \pi a^2 h$$

이다. 또한 $\sqrt{a^2 - x^2}$의 적분에 대해서는 예제 2.45의 결과를 인용하고 있다. 이 결과는 적분 영역에서 원기둥의 체적이다.

풀이 2

적분 영역이 원형인 경우는 극좌표 형식으로 좌표를 변환해야 적분을 쉽게 할 수 있다.

$x = r\cos\theta$, $y = r\sin\theta$로 놓으면 면적 요소 dA는 $rdrd\theta$가 된다. 이 r은 야코비안(Jacobian, 기호는 J)이라고 하며

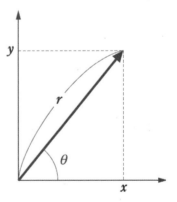

$$J = \begin{vmatrix} \dfrac{\partial x}{\partial r} & \dfrac{\partial x}{\partial \theta} \\ \dfrac{\partial y}{\partial r} & \dfrac{\partial y}{\partial \theta} \end{vmatrix} = \begin{vmatrix} \cos\theta & -r\sin\theta \\ \sin\theta & r\cos\theta \end{vmatrix} = r$$

로 정의되지만 2차원 평면일 때는 $dxdy = rdrd\theta$로 외워 두는 것도 좋다. $rd\theta$로 아주 작은 호의 길이를 나타내고 있다. 적분 영역은 $0 \leq r \leq a$, $0 \leq \theta \leq 2\pi$이다. 또한 ∂ (라운드 디)는 편미분의 기호로 다변수 함수를 어떤 특정 변수에 대해 미분할 때 사용한다.

$$\iint_A h \cdot dxdy = h \int_0^{2\pi} \int_0^a rdrd\theta = h \int_0^a rdr \int_0^{2\pi} d\theta = 2\pi h \left[\frac{r^2}{2} \right]_0^a = \pi a^2 h$$

예제 2.56

$x^2 + y^2 \leq a^2$을 적분 영역으로 하여 함수 $f(x, y) = x^2 + y^2$을 적분하여라.

해답 $x = r\cos\theta,\ y = r\sin\theta$로 극좌표로 변환하면 $f(r, \theta) = r^2$이다. 따라서

$$\iint_A (x^2 + y^2)dxdy = \int_0^{2\pi}\int_0^a r^2 \cdot rdrd\theta = \int_0^a r^3 dr \int_0^{2\pi} d\theta = 2\pi\left[\frac{r^4}{4}\right]_0^a$$
$$= \frac{\pi a^4}{2}$$

예제 2.57

$x^2 + y^2 + z^2 \leq a^2$을 적분 영역으로 하여 함수 $f(x, y, z) = 1$을 적분하여라.

해답 좌표계 (x, y, z)에 대해서 3차원 극좌표계 (r, θ, φ)를 그림과 같이 선택하면,
$x = r\sin\theta\cos\varphi,\ y = r\sin\theta\sin\varphi,$
$z = r\cos\theta$이다. 또한, 야코비얀은

$$|J| = \begin{vmatrix} \frac{\partial x}{\partial r} & \frac{\partial x}{\partial \theta} & \frac{\partial x}{\partial \varphi} \\ \frac{\partial y}{\partial r} & \frac{\partial y}{\partial \theta} & \frac{\partial y}{\partial \varphi} \\ \frac{\partial z}{\partial r} & \frac{\partial z}{\partial \theta} & \frac{\partial z}{\partial \varphi} \end{vmatrix}$$

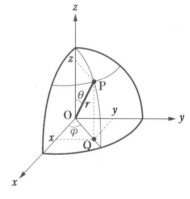

$$= \begin{vmatrix} \sin\theta\cos\varphi & r\cos\theta\cos\varphi & -r\sin\theta\sin\varphi \\ \sin\theta\sin\varphi & r\cos\theta\sin\varphi & r\sin\theta\cos\varphi \\ \cos\theta & -r\sin\theta & 0 \end{vmatrix}$$

이다. 따라서

$$|J| = r^2\sin\theta$$

가 된다. 또한, 적분 영역은 $0 \leq r \leq a, 0 \leq \theta \leq \pi, 0 \leq \varphi \leq 2\pi$이므로

$$\iiint_V 1\,dx\,dy\,dz = \int_0^{2\pi}\int_0^\pi\int_0^a r^2\sin\theta\,dr\,d\theta\,d\varphi = \frac{1}{3}a^3[-\cos\theta]_0^\pi \cdot 2\pi$$
$$= \frac{4}{3}\pi a^3$$

2-10 다중 적분의 응용 (1) 중심 위치

질점계의 역학에서 질점이라는 것은 전체 질량이 집중된 점을 의미한다. 따라서 물체의 형상이나 크기라는 것은 없다. 그러나 강체(힘이 작용해도 형태가 변하지 않는 물체) 역학에서는 중력의 작용점으로서의 중심 위치를 생각해야 할 필요가 있다. 따라서 이러한 경우, 다중 적분이 필요한 것이다.

실험적으로 물체의 중심 위치를 구하기 위해서는 물체를 다른 두 지점에서 매달고 그때의 연직선의 교점을 구하면 된다. 또한, 이론적으로는 물체를 아주 작은 부분으로 분할하여 그 모든 작은 부분에 작용하는 중력의 합성을 생각하게 된다. 중력은 모두 평행하게 작용하므로 질점계 역학에서의 평행력의 합성 또는 모멘트의 평형이라는 개념이다(참고문헌 6, 63쪽). 3차원 물체의 중심 위치는

$$x_G = \frac{\rho \int x dv}{M} [\mathrm{m}], \ y_G = \frac{\rho \int y dv}{M} [\mathrm{m}], \ z_G = \frac{\rho \int z dv}{M} [\mathrm{m}] \tag{2.60}$$

로 주어진다. 여기서 ρ는 물체의 질량 밀도 $[\mathrm{kg/m^3}]$, M은 물체 전체의 질량$[\mathrm{kg}]$, $dv = dxdydz \ [\mathrm{m^3}]$는 체적 요소이다. 다만 이 공식을 직감적으로는 이해하기 어려울 수 있으므로 구체적인 예를 들어 보기로 하자.

예제 2.58

2개의 질점 $m_1 \, [\mathrm{kg}]$, $m_2 \, [\mathrm{kg}]$가 질량을 무시할 수 있는 봉의 양끝에 부착되어 있는 경우의 중심 위치를 구하여라. 중력가속도는 g로 한다.

해답 **풀이 1**

이 예제는 질점계의 문제이므로 (2.60)식을 이용할 필요는 없다. 그림과 같이 좌표의 원점을 선택하면 중심점에 발생하는 중력에 의한 모멘트는 m_1, m_2에 의한 모멘트의 합과 같다고 하여,

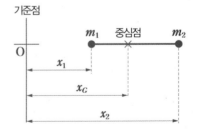

$$Mg x_G = m_1 g x_1 + m_2 g x_2$$

단, $M = m_1 + m_2$이다. 따라서

$$x_G = \frac{m_1 x_1 + m_2 x_2}{M} \quad [\mathrm{m}]$$

풀이 2

중심 위치 주위의 모멘트의 평형을 생각해도 마찬가지이다.

$$m_1(x_G - x_1) = m_2(x_2 - x_G)$$

$$x_G = \frac{m_1 x_1 + m_2 x_2}{M} \quad [\mathrm{m}]$$

예제 2.59

균일한 선밀도 $\rho\,[\mathrm{kg/m}]$의 길이가 $l\,[\mathrm{m}]$인 가느다란 봉의 중심 위치를 구하여라.

해답 이 예제는 질량이 균일하게 분포하는 경우이므로 (2.60)식을 적용해야 한다. 중심 위치가 봉의 기하학적 중심에 있는 것은 명백하지만 정의식을 이용하여 구해 보자. 다만, 물체는 1차원이므로 체적 요소는 $dv = dx$가 된다. 그림과 같이 좌표계를 선택하면

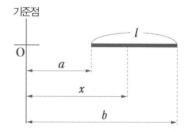

$$x_G = \frac{\rho \displaystyle\int_a^b x\,dv}{M} = \frac{\rho \displaystyle\int_a^b x\,dx}{\rho l} = \frac{1}{l}\left[\frac{1}{2}x^2\right]_a^b = \frac{b^2 - a^2}{2(b-a)} = \frac{a+b}{2} \quad [\mathrm{m}]$$

이다. 이것이 봉의 중심을 나타낸 것이다. 또한, $l = b - a$이다.

예제 2.60

균일한 면적밀도 $\rho\,[\mathrm{kg/m^2}]$에서 두 변의 길이가 $a\,[\mathrm{m}]$, $b\,[\mathrm{m}]$인 직사각형의 중심 위치를 구하여라.

해답 이 경우도 중심 위치는 기하학적 중심에 있는 것이 명백하다. 그림과 같이 좌표계를 잡아 (2.60)식을 사용해 보자. 이 경우는 2차원이므로 체적 요소는 $dv = dx\,dy$가 된다.

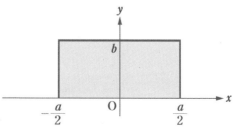

$$x_G = \frac{\rho \iint x\,dv}{M} = \frac{\rho \int_{-\frac{a}{2}}^{\frac{a}{2}} x\,dx \int_0^b dy}{\rho ab} = \frac{b \int_{-\frac{a}{2}}^{\frac{a}{2}} x\,dx}{ab}$$

$$= \frac{b\left[\frac{1}{2}x^2\right]_{-\frac{a}{2}}^{\frac{a}{2}}}{ab} = 0 \ \ [\mathrm{m}]$$

$$y_G = \frac{\rho \iint y\,dv}{M} = \frac{\rho \int_{-\frac{a}{2}}^{\frac{a}{2}} dx \int_0^b y\,dy}{\rho ab} = \frac{a\left[\frac{1}{2}y^2\right]_0^b}{ab} = \frac{1}{2}b \ \ [\mathrm{m}]$$

예제 2.61

균일한 면적밀도 $\rho\,[\mathrm{kg/m^2}]$ 에서 두 변의 길이가 $a\,[\mathrm{m}]$, $b\,[\mathrm{m}]$ 인 직각삼각형의 중심 위치를 구하여라.

해답 그림과 같이 좌표계를 선택한다. 이 경우도 2차원이므로 체적 요소는 $dv = dxdy$를 생각하게 된다. 또한 적분 영역에 주의할 필요가 있다. 빗변의 직선방정식은 $y = -\left(\dfrac{b}{a}\right)x + b$ 이므로 중심의 x, y좌표는 각각 (2.60)식으로부터

$$x_G = \frac{\rho \iint x\,dv}{M} = \frac{\rho \int_0^a x\,dx \int_0^{-\frac{b}{a}x+b} dy}{\rho \frac{1}{2}ab} = \frac{2\int_0^a x\left(b - \frac{b}{a}x\right)dx}{ab}$$

$$= \frac{2\left[\frac{b}{2}x^2 - \frac{b}{3a}x^3\right]_0^a}{ab} = \frac{1}{3}a \ \ [\mathrm{m}]$$

$$y_G = \frac{\rho \iint y\,dv}{M} = \frac{\rho \int_0^b y\,dy \int_0^{-\frac{a}{b}y+a} dx}{\rho \frac{1}{2}ab} = \frac{2\int_0^b y\left(a - \frac{a}{b}y\right)dy}{ab}$$

$$= \frac{2\left[\frac{a}{2}y^2 - \frac{a}{3b}y^3\right]_0^b}{ab} = \frac{1}{3}b \ \ [\mathrm{m}]$$

예제 1.62

균일한 면적밀도 $\rho\,[\mathrm{kg/m^2}]$에서 반지름이 $a\,[\mathrm{m}]$인 반원의 중심 위치를 구하여라.

해답   **풀이 1**

그림과 같이 좌표계를 잡으면 중심 위치의 x좌표가 0이라는 것을 확실히 알 수 있다. 따라서 y좌표를 구할 수 있다. $dv = dxdy$ 이다.

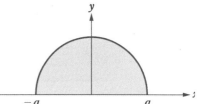

$$y_G = \frac{\rho \iint y\,dv}{M}$$

$$= \frac{\rho \int_0^a y\,dy \int_{-\sqrt{a^2-y^2}}^{\sqrt{a^2-y^2}} dx}{\rho \frac{1}{2}\pi a^2} = \frac{4\int_0^a y\sqrt{a^2-y^2}\,dy}{\pi a^2}$$

여기서 치환 적분을 한다. $a^2 - y^2 = z$로 놓으면 $-2y\,dy = dz$이므로 $y\,dy = -\dfrac{dz}{2}$ 이다. 또한, 적분 영역은 $y=0$일 때 $z=a^2$, $y=a$일 때 $z=0$이므로,

$$y_G = \frac{-2\int_{a^2}^0 z^{\frac{1}{2}}\,dz}{\pi a^2} = \frac{-2}{\pi a^2} \cdot \left[\frac{2}{3} z^{\frac{3}{2}}\right]_{a^2}^0 = \frac{4a^3}{3\pi a^2} = \frac{4a}{3\pi}\,[\mathrm{m}]$$

이다. 또한, x와 y의 적분 순서를 거꾸로 해도 상관없다.

$$y_G = \frac{\rho \iint y\,dv}{M} = \frac{\rho \int_{-a}^a dx \int_0^{\sqrt{a^2-x^2}} y\,dy}{\rho \frac{1}{2}\pi a^2} = \frac{\int_{-a}^a (a^2-x^2)\,dx}{\pi a^2} = \frac{4a}{3\pi}\,[\mathrm{m}]$$

풀이 2

적분 영역이 원형인 경우는 극좌표 형식으로 좌표를 변환하는 것이 적분하기가 쉽다 (예제 2.55를 참조).
$x = r\cos\theta$, $y = r\sin\theta$로 놓으면

$$y_G = \frac{\rho \iint y\,dxdy}{M} = \frac{\rho \int_0^\pi \int_0^a r\sin\theta \cdot r\,dr\,d\theta}{\rho \frac{1}{2}\pi a^2} = \frac{2\int_0^a r^2\,dr \int_0^\pi \sin\theta\,d\theta}{\pi a^2}$$

$$= \frac{4a}{3\pi}\,[\mathrm{m}]$$

균일한 체적밀도 $\rho\,[\mathrm{kg/m^3}]$에서 반지름이 $a\,[\mathrm{m}]$, 길이가 $l\,[\mathrm{m}]$인 원기둥의 중심 위치를 구하여라.

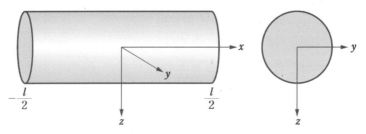

해답 이 문제도 중심이 기하학적인 중심에 있는 것이 명백하지만 정의식의 응용 예로 하여 계산해보자. 그림과 같이 좌표계를 선택한다.

여기서 yz 평면에 2차원의 극좌표를 적용한다. 이러한 좌표계를 원주 좌표계라고 한다. $y = r\cos\theta,\ z = r\sin\theta$이다.

이 때 체적 요소는 $dv = dxdydz = rdrd\theta dx$이다.

$$x_G = \frac{\rho\iiint xdv}{M} = \frac{\rho\int_{-\frac{l}{2}}^{\frac{l}{2}}xdx\int_0^a rdr\int_0^{2\pi}d\theta}{\rho\pi a^2 l} = 0\ [\mathrm{m}]$$

$$y_G = \frac{\rho\iiint ydv}{M} = \frac{\rho\int_{-\frac{l}{2}}^{\frac{l}{2}}dx\int_0^a r^2dr\int_0^{2\pi}\cos\theta d\theta}{\rho\pi a^2 l} = 0\ [\mathrm{m}]$$

$$z_G = \frac{\rho\iiint zdv}{M} = \frac{\rho\int_{-\frac{l}{2}}^{\frac{l}{2}}dx\int_0^a r^2dr\int_0^{2\pi}\sin\theta d\theta}{\rho\pi a^2 l} = 0\ [\mathrm{m}]$$

x_G는 $\int_{-\frac{l}{2}}^{\frac{l}{2}}xdx$가, y_G는 $\int_0^{2\pi}\cos\theta d\theta$가, z_G는 $\int_0^{2\pi}\sin\theta d\theta$가 0이 된다.

균일한 체적밀도 $\rho\,[\mathrm{kg/m^3}]$에서 반지름이 $a\,[\mathrm{m}]$인 구의 중심 위치를 구하여라.

해답 이 문제도 답은 명백하지만 정의식을 이용하여 확인해 보자. 구형인 경우에는 극좌표가 편리하다. 좌표계 (x, y, z)에 대해 새로운 변수 (r, θ, φ)를 예제 2.57과 같이 선택한다.

이때

$x = r\sin\theta\cos\varphi$, $y = r\sin\theta\sin\varphi$, $z = r\cos\theta$가 되고 야코비안은 $|J| = r^2\sin\theta$이다(예제 2.57 참조).

또한, 적분 영역은 $0 \le r \le a$, $0 \le \theta \le \pi$, $0 \le \varphi \le 2\pi$이므로

$$x_G = \frac{\rho\iiint x\,dx\,dy\,dz}{M} = \frac{\rho\int_0^a r^3 dr \int_0^\pi \sin^2\theta\,d\theta \int_0^{2\pi}\cos\varphi\,d\varphi}{M} = 0 \ [\mathrm{m}]$$

$$y_G = \frac{\rho\iiint y\,dx\,dy\,dz}{M} = \frac{\rho\int_0^a r^3 dr \int_0^\pi \sin^2\theta\,d\theta \int_0^{2\pi}\sin\varphi\,d\varphi}{M} = 0 \ [\mathrm{m}]$$

$$z_G = \frac{\rho\iiint z\,dx\,dy\,dz}{M} = \frac{\rho\int_0^a r^3 dr \int_0^\pi \sin\theta\cos\theta\,d\theta \int_0^{2\pi}d\varphi}{M} = 0 \ [\mathrm{m}]$$

이다. $\sin\varphi, \cos\varphi$의 경우, 1주기 적분을 하면 0이 된다.

또한, z_G는 $\int_0^\pi \sin\theta\cos\theta\,d\theta = \frac{1}{2}\int_0^\pi \sin2\theta\,d\theta = 0$이다.

예제 2.65

균일한 체적밀도 $\rho\,[\mathrm{kg/m^3}]$에서 반지름이 $a\,[\mathrm{m}]$인 반구의 중심 위치를 구하여라.

해답 예제 2.64와 동일하지만 반구인 경우, θ의 적분 범위는 $0 \le \theta \le \frac{\pi}{2}$이 된다. 따라서 x_G, y_G는 그대로 0이며 z_G는

$$z_G = \frac{\rho\iiint z\,dx\,dy\,dz}{M} = \frac{\rho\int_0^a r^3 dr \int_0^{\frac{\pi}{2}} \sin\theta\cos\theta\,d\theta \int_0^{2\pi}d\varphi}{M}$$

$$= \frac{\rho\frac{1}{4}a^4 2\pi\frac{1}{2}\int_0^{\frac{\pi}{2}}\sin2\theta\,d\theta}{M} = \frac{3}{8}a \ [\mathrm{m}]$$

이다. 여기서 반구이므로 $M = \rho\frac{2}{3}\pi a^3 \ [\mathrm{kg}]$이다.

2-11 다중 적분의 응용 (2) 관성모멘트

강체 역학에서 회전 운동을 배울 때 관성모멘트 I [kg·m^2]라는 물리량이 나온다.

관성모멘트의 정의는

$$I = \sum_i r_i^2 dm_i \left[\mathrm{kgm}^2 \right] \tag{2.61}$$

이다. 즉, 물체를 아주 작은 질량 dm_i으로 분할하여 생각하였을 때 회전축에 대한 각각의 거리 r_i의 제곱과 곱의 총합이다. (x, y, z)의 3차원 직교공간의 경우, 물체의 질량밀도를 ρ [kg/m^3]으로 하면 미소질량은

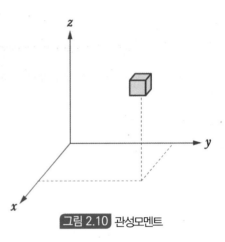

그림 2.10 관성모멘트

$$dm = \rho dv = \rho dx dy dz$$

으로 표현할 수 있으므로

$$I = \sum_i r_i^2 dm_i = \rho \iiint_V r^2 dx\, dy\, dz \left[\mathrm{kgm}^2 \right] \tag{2.62}$$

로 주어진다. 거리 r을 각 회전축까지의 성분으로 나타내면

$$I_{xx} = \rho \iiint_V (y^2 + z^2) dx dy dz \left[\mathrm{kgm}^2 \right]$$

$$I_{yy} = \rho \iiint_V (z^2 + x^2) dx dy dz \left[\mathrm{kgm}^2 \right]$$

$$I_{zz} = \rho \iiint_V (x^2 + y^2) dx dy dz \left[\mathrm{kgm}^2 \right] \tag{2.63}$$

이다.

예제 2.66

질량밀도 ρ [kg/m]가 균일하고 길이가 a [m]인 가느다란 봉의 중심점을 통과하는 회전축에 관한 관성모멘트를 구하여라.

해답 미소질량은 $dm = \rho dx$ 이므로

$$I = \rho \int_{-\frac{a}{2}}^{\frac{a}{2}} x^2 dx = \frac{\rho}{3} [x^3]_{-\frac{a}{2}}^{\frac{a}{2}}$$

$$= \frac{1}{12} \rho a^3$$

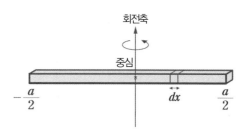

여기서 $\rho a = M$ [kg] (봉 전체의 질량)으로 놓으면

$$I = \frac{1}{12} M a^2 \ [\mathrm{kg\,m^2}]$$

예제 2.67

예제 2.66에서 회전 중심을 봉의 끝 부분으로 하였을 경우의 관성모멘트를 구하여라.

해답
$$I = \rho \int_0^a x^2 dx = \frac{\rho}{3} [x^3]_0^a = \frac{1}{3} \rho a^3 = \frac{1}{3} M a^2 \ [\mathrm{kg\,m^2}]$$

예제 2.68

질량밀도 $\rho \, [\mathrm{kg/m^2}]$ 가 균일한 가로 a [m], 세로 b [m]인 직사각형 박판(얇은 판)의 관성모멘트를 구하여라. 단, $\rho a b = M$ [kg]으로 한다.

해답 x축 주위의 관성모멘트는

$$I_{xx} = \rho \int_{-\frac{a}{2}}^{\frac{a}{2}} dx \int_{-\frac{b}{2}}^{\frac{b}{2}} y^2 dy$$

$$= \rho a \frac{1}{3} [y^3]_{-\frac{b}{2}}^{\frac{b}{2}} = \frac{1}{12} \rho a b^3$$

$$= \frac{1}{12} M b^2 \ [\mathrm{kg\,m^2}]$$

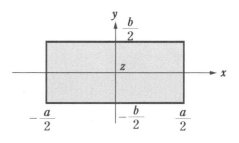

y축 주위의 관성모멘트는

$$I_{yy} = \rho \int_{-\frac{a}{2}}^{\frac{a}{2}} x^2 dx \int_{-\frac{b}{2}}^{\frac{b}{2}} dy = \rho b \frac{1}{3} [x^3]_{-\frac{a}{2}}^{\frac{a}{2}} = \frac{1}{12} \rho b a^3 = \frac{1}{12} M a^2 \ [\mathrm{kg\,m^2}]$$

z축 주위(수직축)의 관성모멘트는, 회전축에서의 거리 r이

$r = \sqrt{x^2 + y^2}$ 이므로

$$I_{zz} = \rho \int_{-\frac{a}{2}}^{\frac{a}{2}} dx \int_{-\frac{b}{2}}^{\frac{b}{2}} (x^2 + y^2) dy = \rho \int_{-\frac{a}{2}}^{\frac{a}{2}} \left[x^2 y + \frac{1}{3} y^3 \right]_{-\frac{b}{2}}^{\frac{b}{2}} dx$$

$$= \rho \int_{-\frac{a}{2}}^{\frac{a}{2}} \left(x^2 b + \frac{1}{12} b^3 \right) dx = \rho \left[\frac{1}{3} bx^3 + \frac{1}{12} b^3 x \right]_{-\frac{a}{2}}^{\frac{a}{2}}$$

$$= \frac{1}{12} M(a^2 + b^2) \ \ [\text{kgm}^2]$$

예제 2.69

그림에 나타낸 질량밀도 $\rho\,[\text{kg/m}^3]$ 가 균일한 직육면체의 관성모멘트를 구하여라.
단, $\rho abc = M\,[\text{kg}]$ 으로 한다.

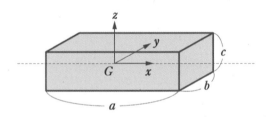

해답

$$I_{xx} = \rho \int_{-\frac{a}{2}}^{\frac{a}{2}} dx \int_{-\frac{b}{2}}^{\frac{b}{2}} dy \int_{-\frac{c}{2}}^{\frac{c}{2}} (y^2 + z^2) dz$$

$$= \rho \int_{-\frac{a}{2}}^{\frac{a}{2}} dx \int_{-\frac{b}{2}}^{\frac{b}{2}} \left(y^2 c + \frac{1}{12} c^3 \right) dy$$

$$= \rho \int_{-\frac{a}{2}}^{\frac{a}{2}} \frac{1}{12} bc (b^2 + c^2) dx$$

$$= \frac{1}{12} \rho abc (b^2 + c^2)$$

$$= \frac{1}{12} M (b^2 + c^2)$$

다른 축에 대해서도 마찬가지로

$$I_{yy} = \frac{1}{12} M(c^2 + a^2) \ , \ \ I_{zz} = \frac{1}{12} M(a^2 + b^2)$$

예제 2.70

질량밀도 $\rho\,[\mathrm{kg/m^3}]$가 균일하고 반지름이 $a\,[\mathrm{m}]$, 길이가 $l\,[\mathrm{m}]$인 원기둥의 관성모멘트를 구하여라. 단, $\rho\pi a^2 l = M\,[\mathrm{kg}]$으로 한다.

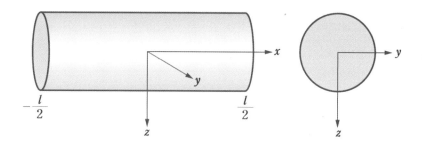

해답 x축 주위의 관성모멘트는

$$I_{xx} = \rho \int_{-\frac{l}{2}}^{\frac{l}{2}} dx \iint (y^2 + z^2) dy dz$$

여기서, $y = r\cos\theta$, $z = r\sin\theta$로 변수를 변환하면

$$I_{xx} = \rho \int_{-\frac{l}{2}}^{\frac{l}{2}} dx \iint (y^2 + z^2) dy dz = \rho \int_{-\frac{l}{2}}^{\frac{l}{2}} dx \int_0^a r^3 dr \int_0^{2\pi} d\theta$$

$$= \frac{1}{2} M a^2 \,[\mathrm{kgm^2}]$$

y축, z축 주위의 관성모멘트는

$$I_{yy} = \rho \int_{-\frac{l}{2}}^{\frac{l}{2}} dx \iint (z^2 + x^2) dy dz = \rho \int_{-\frac{l}{2}}^{\frac{l}{2}} dx \iint (r^2\sin^2\theta + x^2) r dr d\theta$$

$$= \rho \int_{-\frac{l}{2}}^{\frac{l}{2}} dx \int_0^a r^3 dr \int_0^{2\pi} \sin^2\theta d\theta + \rho \int_{-\frac{l}{2}}^{\frac{l}{2}} x^2 dx \int_0^a r dr \int_0^{2\pi} d\theta$$

$$= \frac{1}{4} \rho a^4 l \pi + \frac{1}{12} \rho l^3 a^2 \pi = \frac{1}{4} M a^2 + \frac{1}{12} M l^2 \;\;[\mathrm{kgm^2}]$$

단,

$$\int_0^{2\pi} \sin^2\theta d\theta = \int_0^{2\pi} \frac{1 - \cos 2\theta}{2} d\theta = \pi$$

이다. 또한 $I_{yy} = I_{zz}$이다.

질량밀도 $\rho\,[\,\mathrm{kg/m^3}\,]$가 균일하고 반지름이 $a\,[\,\mathrm{m}\,]$인 구의 중심 위치를 통과하는 축에 대한 관성모멘트를 구하여라. 단, $\rho\dfrac{4}{3}\pi a^3 = M$으로 한다.

해답 예제 2.57과 같이 3차원의 극좌표 표시를 생각하면 $x = r\sin\theta\cos\varphi$, $y = r\sin\theta\sin\varphi$, $z = r\cos\theta$이다. 여기서 $0 \le r \le a$, $0 \le \theta \le \pi$, $0 \le \varphi \le 2\pi$ 이다. 체적 요소는

$$dv = dxdydz = r^2\sin\theta\,drd\theta d\varphi\text{이다.}$$

따라서

$$I_{zz} = \rho\iiint_{\mathrm{v}}(x^2 + y^2)dxdydz = \rho\int_0^a\int_0^\pi\int_0^{2\pi}r^2\sin^2\theta\cdot r^2\sin\theta\,drd\theta d\varphi$$

$$= \rho\int_0^a r^4 dr\int_0^\pi\sin^3\theta d\theta\int_0^{2\pi}d\varphi$$

여기서 $u = \cos\theta$ 로 놓으면 $du = -\sin\theta d\theta$이므로

$$\int_0^\pi\sin^3\theta d\theta = \int_0^\pi\sin^2\theta\sin\theta d\theta = -\int_1^{-1}(1 - u^2)du = \left[u - \frac{1}{3}u^3\right]_{-1}^1$$

$$= \frac{4}{3}$$

이 되기 때문에

$$I_{zz} = \rho\frac{1}{5}a^5\cdot\frac{4}{3}\cdot 2\pi = \frac{2}{5}Ma^2\ [\mathrm{kgm^2}]$$

이다. 또한, $M = \dfrac{4}{3}\rho\pi a^3$ [kg]이다.

예제 2.71은 각 축 주위에 대해 대칭이지만 x축에 대해서도 확인해 보자.

$$I_{xx} = \rho\iiint_{\mathrm{v}}(y^2 + z^2)dxdydz$$

$$= \rho\int_0^a\int_0^\pi\int_0^{2\pi}(r^2\sin^2\theta\sin^2\varphi + r^2\cos^2\theta)r^2\sin\theta drd\theta d\varphi$$

$$= \rho\int_0^a r^4 dr\left\{\int_0^\pi\sin^3\theta d\theta\int_0^{2\pi}\sin^2\varphi d\varphi + \int_0^\pi\cos^2\theta\sin\theta d\theta\int_0^{2\pi}d\varphi\right\}$$

$$= \rho\frac{1}{5}a^5\left(\frac{4}{3}\pi + \frac{4}{3}\pi\right) = \frac{2}{5}Ma^2\ [\mathrm{kgm^2}]$$

여기서

$$\int_0^{2\pi} \sin^2 \varphi\, d\varphi = \int_0^{2\pi} \frac{1 - \cos 2\varphi}{2}\, d\varphi = \pi$$

$$\int_0^{\pi} \cos^2 \theta \sin \theta\, d\theta = \frac{2}{3}$$

이다. 제 2식은 $u = \cos\theta$로 놓으면 $du = -\sin\theta d\theta$이므로 아래와 같이 된다.

$$\int_0^{\pi} \cos^2 \theta \sin \theta\, d\theta = \int_1^{-1} (-u^2)\, du = \frac{1}{3} \left[u^3 \right]_{-1}^{1} = \frac{2}{3}$$

1. $y = -x^3 + 6x^2 - x + 1$의 구간 $-1 \leq x \leq 3$에서의 최댓값, 최솟값을 구하여라.

2. a를 양수로 하는 방정식 $x^3 - 3ax^2 + 4a = 0$의 서로 다른 실근의 개수를 구하여라.

3. 아래의 정적분·부정적분을 구하여라.

   (1) $\displaystyle\int_1^2 x\sqrt{x-1}\,dx$ (2) $\displaystyle\int_{-1}^1 \frac{e^x}{e^x+1}\,dx$ (3) $\displaystyle\int_0^1 \frac{1}{\sqrt{x^2+1}}\,dx$

   (4) $\displaystyle\int e^{-x}\sin x\,dx$ (5) $\displaystyle\int \frac{5}{3\sin x + 4\cos x}\,dx$

4. 외경 $2a\,[\mathrm{m}]$, 내경 $2b\,[\mathrm{m}]$, 질량 $M\,[\mathrm{kg}]$인 둥근 고리의 중심위치를 구하여라.

5. 외경 $2a\,[\mathrm{m}]$, 내경 $2b\,[\mathrm{m}]$, 길이 $l\,[\mathrm{m}]$인 원통의 중심축 주위의 관성모멘트를 구하여라. 단, 원통의 질량밀도를 $\rho\,[\mathrm{kg/m^3}]$로 하고 전체 질량을 $M\,[\mathrm{kg}]$으로 한다.

제 3 장 미분방정식 >>>

3-1 미분방정식

제 2장에서 미분과 적분에 대해 설명한 것은 미분방정식을 설명하기 위한 준비였다고 할 수 있다. 이공학 분야에서 미분방정식의 역할은 매우 크다. 그러므로 우선 방정식을 생각해보자. 값이 얼마인지 불명확한 미지수를 x라고 하고 그 미지수 x가 충족해야 하는 등식으로 나타낸 것이 방정식이었다. 이 방정식에서 미지수 x를 결정하는 것이 방정식을 푸는 것이었다.

이 방정식에 대해 미지의 함수를 $f(x)$라고 하고, 이 함수 $f(x)$에 대한 방정식을 함수방정식이라고 한다. 미분방정식은 이 함수방정식의 대표적인 한 가지 형태로, 미지의 함수 $f(x)$의 도함수 $f'(x)$를 포함하는 방정식이다. 도함수의 최고 차수가 $f'(x)$이면 1차 미분방정식, $f''(x)$까지 포함하고 있으면 2차 미분방정식이라고 부른다. 수학에서는 1계 미분방정식, 2계 미분방정식이라고 부르지만 공학에서는 1차, 2차라고 부르는 것이 일반적이다. 이 책에서는 '계'와 '차'를 같은 의미로 사용하기로 한다. 도함수에 관한 방정식에서 원시함수 $f(x)$를 구하는 것을 '미분방정식을 푼다'라고 한다.

또한, 여기에서는 일반적인 설명으로서 $f'(x)$라든지 $f(x)$라는 함수 표현을 사용하고 있지만 공학에서는 대부분의 경우가 시간 t에 관한 함수를 다루고 있으며 그 경우에는 $f'(t)$나 $f(t)$이다. 함수의 기호는 $f(t)$이든 $x(t)$이든 $y(t)$이든 상관이 없지만, $f(t)$는 공학에서는 관용적으로 외력에 사용하는 경우가 많기 때문에 이 책에서는 미지의 함수 기호로 $y(t)$를 사용하기로 한다.

예제 3.1

다음의 미분방정식을 풀어라.

$$y''(t) = g \qquad ①$$

해답 이 식은 역학에서 나오는 자유낙하 문제를 나타내는 미분방정식이다. 2차 미분방정식의 가장 간단한 예 중의 하나이다. 미지의 함수로 $y'(t)$, $y(t)$ 등은 포함되어 있지 않지만 $y''(t)$가 포함되어 있으므로 멋진 미분방정식이라고 할 수 있다. 여기에서는 미분방정식을 간단히 소개만 하고 있으므로 자세한 것은 예제 3.22를 참조하기 바란다. g는 중력가속도를 나타내며 상수이다.

이 미분방정식은 양변을 따로따로 시간 t로 직접 적분할 수 있으므로 적분상수를 c_1이라고 하면,

$$\int y''(t)dt = \int gdt \qquad ②$$

이므로

$$y'(t) = gt + c_1 \qquad ③$$

이다. 반대로 ③식에서 생각하면 좌변의 $y'(t)$를 1회 미분하면 $y''(t)$가 된다. 또한, 우변은 $(gt + c_1)$을 미분하면 g가 얻어진다. 적분상수는 좌변과 우변에 모두 붙지만 상수이기 때문에 한쪽으로 모으는 것이 좋다. 그리고 ③식의 양변을 한 번 더 적분하고 적분상수를 c_2로 하면

$$y(t) = \frac{1}{2}gt^2 + c_1 t + c_2 \qquad ④$$

가 되어 해로서 미지의 함수 $y(t)$를 구할 수 있다. 이것으로 $y''(t) = g$라는 미분방정식을 풀었다고 할 수 있다. 즉, 2차 도함수에 관한 ①식을 충족하는 함수 ④식이 결정된 것이다.

반대로 ④식의 양변을 2회 미분하면

$$y'(t) = gt + c_1$$

$$y''(t) = g$$

가 되며 이것이 맨 처음에 주어진 미분방정식이다.

3-2 미분방정식이 중요한 이유

왜 공학에서 미분방정식이 중요한 것일까? 대학에 입학하면 교양과목으로 물리학을 배우게 된다. 그 물리학의 주요 분야에 역학이 있다. 이 역학에서 나오는 운동방정식이 실은 미분방정식이다. 그 배경에는 뉴턴(Newton)의 운동에 관한 세 가지 법칙이 있다.

제1법칙 (관성의 법칙)

외력이 가해지지 않으면 물체는 계속 정지해 있거나 등속 운동을 한다.

제2법칙 (운동의 법칙)

물체에 외력이 가해지면 가속도가 발생한다. 반대로 가속도가 작용하면 관성력이 작용한다.

제3법칙 (작용·반작용의 법칙)

두 물체 사이에 작용하는 힘은 크기가 같고 서로 반대 방향으로 작용한다.

제1법칙의 등속 운동에 대해서는 감각적으로 약간 이해하기 어려울 수도 있는데 참고문헌 7(184쪽) 등을 참조하면 도움이 될 것이다. 실은 제2법칙이 역학에서 미분방정식이 필요하게 된 실제적인 이유이다. 그러나 이를 원망해서는 안 된다. 뉴턴의 업적이 있었기에 인류는 달에도 갈 수 있었고 우주왕복선을 발사할 수 있게 된 것이다.

어떤 시간에서 물체의 위치를 $y(t)$로 나타내었을 때 물체의 속도와 가속도는 그림 3.1과 같은 관계가 된다.

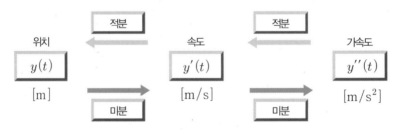

그림 3.1 위치·속도·가속도의 관계

하나의 예로서 자동차를 모델로 생각해보자. 시간 $t=0$에서 정지하고 있는 자동차가 있다고 하자. 자동차는 가속페달을 밟으면 움직이기 시작하며 어떤 시간 $t[\text{s}]$에서의 자동차의 위치는 $y(t)$이다. 이때 가속페달을 밟음으로써 발생하는 추력 $F[\text{N}]$가 뉴턴의 제2법칙에서 외력에 해당한다. 따라서 이 추력에 의해 자동차에 발생하는 것은 가속도이며, 이 가속도는 자동차의 이동 거리를 $y(t)[\text{m}]$라고 하면 $y''(t)\ [\text{m/s}^2]$로 표시된다. 자동차의 질량을 $m\ [\text{kg}]$이라고 하면 뉴턴의 제2법칙은 $my''(t)=F$ 가 되므로 이것이 물체의 운동이 미분방정식으로 표현되는 것이다.

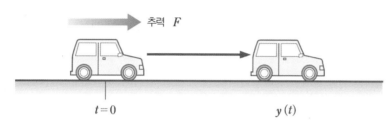

추력 F

$t=0$ $y(t)$

그림 3.2   자동차의 경우

예제 3.2

추력 $F[\text{N}]$가 일정한 경우의 인공위성 발사 로켓의 운동에 대해 고찰하여라.

해답   이 경우, 로켓에 작용하는 운동방정식은 뉴턴의 운동에 관한 제2법칙에 의해 $mz''(t)=F-mg$ 가 된다. $z(t)$는 고도이고 mg는 중력이다. 로켓의 질량 $m[\text{kg}]$이 일정하다고 가정하면 운동방정식은 $z''(t)=\dfrac{F}{m}-g$이고 가속도가 일정한 운동이 된다. 단, 실제로는 추력 F를 발생하기 위해 많은 연료를 소비하고 있으므로 m이 일정하지는 않다.

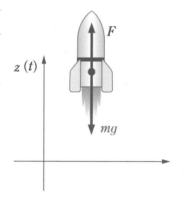

3-3 미분방정식의 분류

미분방정식은 상미분방정식(ordinary differential equation)과 편미분방정식(partial differential equation)으로 크게 분류할 수 있다. 다만 2장에서도 편미분에 대하여 설명하지 않았으므로 여기서는 상미분방정식에 대해서만 설명하기로 한다. 독립변수가 하나인 경우의 미분이 상미분이다. 상미분방정식은 선형 미분방정식(linear differential equation)과 비선형 미분방정식(non-linear differential equation)으로 분류된다. 이 선형·비선형이란 공학 전반과 수학 전반에서 사용되는 선형, 비선형과 동일한 의미이다. 간단하게 말해 비례 관계가 성립하는 시스템이 선형이고 그렇지 않은 것이 비선형이다. 공학에서는 선형계·비선형계라고 표현하여 구별한다. 선형 미분방정식의 경우, 예를 들면 $y(t)$가 하나의 해라면 그 상수의 배인 $ky(t)$도 해가 된다. 또한 $y_1(t)$와 $y_2(t)$가 각각 해라면 $y_1(t)+y_2(t)$도 해가 된다.

반대로 이것이 성립하지 않는 것이 비선형 미분방정식이다. 2차 미분방정식을 예로 생각해 보자.

$$ay''(t)+by'(t)+cy(t)=f(t) \qquad a, b, c : 상수 \tag{3.1}$$

$$a(t)y''(t)+b(t)y'(t)+c(t)y(t)=f(t) \tag{3.2}$$

$$ay''(t)+by'(t)+cy(t)^2=f(t) \tag{3.3}$$

(3.1)식의 형태를 선형 상수계라 하고 (3.2)식은 선형 시변수계라고 부른다. (3.1)식과 (3.2)식은 계수가 상수인지 독립변수의 함수인지의 차이만 있을 뿐 둘 다 선형 미분방정식이다. 이에 비해 (3.3)식의 형태는 비선형 미분방정식이다. 비선형의 형태는 매우 다양한데, 선형·비선형의 가장 단순한 판정 기준은 함수의 곱셈 항의 존재 여부이다. (3.3)식의 $y(t)^2$이 비선형 항이다. 우변의 $f(t)$는 일반적으로 강제항 또는 외력항이라고 불리고 있으며 이 항은 미분방정식의 선형·비선형의 구별과는 관계가 없다.

다음은 미분방정식의 해법이다. 우선 1차(1계) 미분방정식의 대표적인 해법인 변수분리형에 대해 설명하기로 한다. 이 변수분리형이라는 개념은 선형·비선형에 관계없이 미분방정식이 독립변수와 종속변수의 형태로 분리하여 표현할 수 있다는 의미로 초등 해법에서 가장 기본적인 사항 중의 하나이다. 일반 미분방정식의 교과서에서는 1계 미분방정식의 초등 해법으로서 변수 분리형을 필두로 동차형, 선형, 베르누이형, 완전미분형, 적분인자 등의 방법이 설명되어 있지만 이러한 해법은 모두 '주어진 미분방정식이 이 형태이면 풀린다'라는 발견적 해법이지

체계적으로 정리된 해법은 아니다. 이러한 해법이 공학상 특히 중요하다고 할 수는 없으므로 이 책에서는 변수분리형과 선형 외에는 생략하기로 한다. 또한, 이 초등 해법 중에서 선형은 1계 선형 시변수형을 의미하므로 이 책에서는 선형 시변수형 해법의 절에서 설명하기로 한다. 또한, 여기서 말하는 초등 해법이란 특별한 의미가 있는 것이 아니라 단순하게 '미적분학의 지식으로 미분방정식의 해를 구한다'는 의미이다. 이것을 일반적으로 초등 해법이라고 한다. 이 책에서 언급하는 미분방정식의 해법을 요약하면 아래와 같다.

1. 1계 미분방정식의 초등 해법 – 변수분리형
2. 선형 상수계 미분방정식의 해법 – 연산자법
3. 선형 시변수계 미분방정식의 해법

예제 3.3

다음의 미분방정식의 분류에 대하여 서술하여라.

$$\frac{dy}{dt} + p(t)y + q(t)y^n = 0$$

해답 $n = 0$, $n = 1$ 일 때는 선형 시변수계 미분방정식이다. $n \geq 2$ 일 때는 y^n 항이 있으므로 비선형 미분방정식이다. 그러나 y^{-n} 를 전체로 곱하고 $y^{1-n} = z$ 로 변수를 치환함으로써 선형으로 변환할 수 있는 특수한 형태로 베르누이형이라고 한다.

3-4 1계 미분방정식의 초등 해법 - 변수분리형

1계 미분방정식에서 (3.4)식의 형태를 변수분리형이라고 한다. 우변이 독립변수의 함수 $g(t)$와 종속변수의 함수 $h(y)$의 곱으로 표현되는 형태이다.

$$\frac{dy}{dt} = g(t)h(y) \tag{3.4}$$

변수분리형 미분방정식은 다음과 같이 생각하여 풀 수 있다.

(3.4)식에서 $\frac{dy}{dt}$ 는 물론, 함수 $y(t)$의 미분 기호는 이것을 미소량끼리의 분수로 보고

$$\frac{1}{h(y)} dy = g(t)dt \tag{3.5}$$

로 변형한다. 따라서 (3.5)식의 양변을 각각 변수로 적분하면

$$\int \frac{1}{h(y)} dy = \int g(t)dt \tag{3.6}$$

를 얻을 수 있다. (3.6)식의 양변은 변수가 분리되어 있으므로 각각 독립적으로 적분할 수가 있다. 이 해법은 선형·비선형을 불문하고 적용할 수 있기 때문에 매우 편리하다. 미분방정식의 해법에서 가장 기본적인 형태이다.

예제 3.4

미분방정식 $\frac{dy}{dt} = at$를 풀어라. 단, a는 상수이다.

해답 (3.4)식에서 $g(t) = at$, $h(y) = 1$이라고 생각한다. 이때 (3.6)식은

$$\int 1 dy = \int at \, dt$$

가 되고, 양변을 각각 적분하면

$$y(t) = \frac{1}{2}at^2 + c$$

를 얻을 수 있다. c는 적분상수이다. 적분상수는 양변에 붙지만 상수이므로 상쇄시켜 한쪽에만 써도 된다.

물론 $g(t) = t$, $h(y) = a$라고 생각해도 결과는 마찬가지이다.

$$\int \frac{1}{a} dy = \int t \, dt$$

에서 a는 상수이므로 양변을 적분하여

$$\frac{1}{a}y(t) = \frac{1}{2}t^2 + c$$

이다. 형태를 정리하면

$$y(t) = \frac{1}{2}at^2 + ac = \frac{1}{2}at^2 + c'$$

예제 3.5

미분방정식 $\dfrac{dy}{dt} = ky$를 풀어라. 단, k는 상수이다.

해답 (3.4)식에서 $g(t) = k$, $h(y) = y$로 한다.

$$\int \frac{1}{y}dy = \int kdt$$

에서

$$\log_e y = kt + c$$

이다. 지수함수 표시로 고치면 e^c도 상수이므로 c'으로서

$$y(t) = e^{kt+c} = e^{kt} \cdot e^c = c'e^{kt}$$

예제 3.6

미분방정식 $\dfrac{dy}{dt} = t(1-y)$를 풀어라. 단, $y \neq 1$이다.

해답 (3.4)식에서 $g(t) = t$, $h(y) = 1-y$로 한다.

$$\int \frac{1}{1-y}dy = \int tdt$$

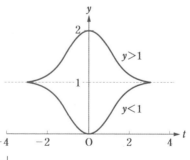

좌변에서 $1 - y = z$라고 치환하면

$-dy = dz$이므로

$$\int \frac{1}{1-y}dy = -\int \frac{1}{z}dz$$
$$= -\log_e|z| = -\log_e|1-y|$$

이다. 로그의 진수는 양의 값이어야 하므로 절댓값의 기호가 붙는다. 따라서 해는

$$-\log_e|1-y| = \frac{1}{2}t^2 + c$$

이다. 형태를 정리하기 위해 지수함수 표시로 바꾸면

$$|1-y| = e^{-\frac{1}{2}t^2 - c} = e^{-\frac{1}{2}t^2}e^{-c} = c'e^{-\frac{1}{2}t^2}$$

이다. 따라서 해는

$y < 1$일 때

$$y(t) = 1 - c'e^{-\frac{1}{2}t^2}$$

$y > 1$일 때

$$y(t) = 1 + c'e^{-\frac{1}{2}t^2}$$

으로 표현할 수 있다. 또한, 해의 형태로 c'은 양의 값이든 음의 값이든 상관없으므로 2개로 나누어 쓸 필요는 없다. $t = 0$일 때 $y(0) = 0$, 2로 하였을 경우의 그래프는 그림과 같다.

3-5 선형 상수계의 해법

예를 들면 2차 선형 상수계 미분방정식

$$ay''(t) + by'(t) + cy(t) = f(t) \quad (a, b, c \text{는 상수}, a \neq 0) \tag{3.7}$$

이고 우변의 강제항 $f(t)$를 0으로 놓은

$$ay''(t) + by'(t) + cy(t) = 0 \tag{3.8}$$

을 (3.7)식의 동차방정식 또는 제차방정식이라고 한다. 또한, 이 동차방정식의 해를 일반해라고 한다. 일반해는 미분방정식의 차수(계수)와 똑같은 수의 적분상수를 포함하고 있다. 선형 미분방정식의 해는 이 동차방정식의 해와 강제항이 있는 경우의 특수해의 합, 즉 일반해 + 특수해로 나타낸다.

(3.8)식은 일반성을 훼손하지 않는 상태에서

$$y''(t) + a_1 y'(t) + a_2 y(t) = 0 \tag{3.9}$$

으로 표현할 수 있다. 일반적으로 n차 미분방정식이면

$$y^{(n)}(t) + a_1 y^{(n-1)}(t) + \cdots + a_{n-1} y'(t) + a_n y(t) = 0 \tag{3.10}$$

이 된다. 여기서 $y^{(n)}(t)$는 $y(t)$의 n차 미분을 나타낸다.

(3.10)식의 일반해는 차수에 관계없이 연산자법이라는 방법으로 풀 수 있다. 연산자란,

$$D = \frac{d}{dt} \tag{3.11}$$

를 말한다. 이때

$$\frac{dy}{dt} = Dy$$

$$\frac{d^2y}{dt^2} = \frac{d}{dt}\frac{dy}{dt} = D \cdot Dy = D^2y$$

$$\frac{d^ny}{dt^n} = \frac{d}{dt}\frac{d^{(n-1)}y}{dt^{(n-1)}} = (D \cdots D)y = D^ny \tag{3.12}$$

라고 표현할 수 있다. 여기서 D^n은 D의 n승으로 보고 ( )는 붙이지 않는다.

이 연산자를 사용하면 (3.10)식은

$$D^ny + a_1D^{n-1}y + \cdots + a_{n-1}Dy + a_ny = 0 \tag{3.13}$$

이 된다. (3.13)식을

$$(D^n + a_1D^{n-1} + \cdots + a_{n-1}D + a_n)y = 0 \tag{3.14}$$

으로 표현한다. 이때 미분방정식 (3.10)식의 해는

$$f(D) = D^n + a_1D^{n-1} + \cdots + a_{n-1}D + a_n \tag{3.15}$$

으로 놓으면 $f(D)$를 D에 관한 다항식으로 보고 $f(D) = 0$을 충족하는 n개의 해를 사용하여 나타낼 수 있다. $f(D) = 0$의 n개의 해가 모두 다를 경우,

$$D = \alpha_1, \ \alpha_2, \ \cdots, \ \alpha_n \tag{3.16}$$

이라고 하면, (3.10)식의 해는

$$y(t) = c_1e^{\alpha_1 t} + c_2e^{\alpha_2 t} + \cdots + c_{n-1}e^{\alpha_{n-1} t} + c_ne^{\alpha_n t} \tag{3.17}$$

이 된다. 여기서 $c_1, \ c_2, \ \cdots \ c_n$은 적분상수이다. 만약 α_i가 m 중근인 경우는 α_i에 대한 해가

$$y(t) = (d_1 + d_2t + \cdots + d_mt^{m-1})e^{a_it} \tag{3.18}$$

이 된다. $d_1, \ d_2, \ \cdots, \ d_n$은 적분상수이다. 이 해법을 연산자법이라고 하며 선형 상수계의 미분방정식에 대해 차수에 관계없이 전부 적용할 수 있다.

예제 3.7

$\dfrac{dy}{dt} + ay = 0$을 풀어라. 단 a는 상수이다.

해답 $\dfrac{d}{dt} = D$ 라고 놓으면

$$(D+a)y = 0$$

$f(D) = D + a = 0$의 해는 $D = -a$이므로 해는 다음과 같다.

$$y(t) = ce^{-at} \quad 단, \ c는 \ 적분상수이다.$$

고찰 : $y(t) = ce^{-at}$을 원래의 미분방정식에 대입해 보면

$$\frac{dy}{dt} + ay = -ace^{-at} + ace^{-at} = 0$$

이 되어, $y(t) = ce^{-at}$은 주어진 미분방정식을 충족하고 있음을 확인할 수 있다. 또한, 적분상수 c는 따로 주어지는 초기 조건에서 결정된다. 예를 들면 이 문제에서 '$t = 0$에서 $y(0) = 1$'이라는 초기 조건이 주어져 있다고 하면

$$y(0) = ce^0 = 1$$

에서 $c = 1$이 결정되는 것이다. 미분방정식의 해의 적분상수는 모두 초기 조건에서 결정된다. 이 초기 조건은 수학이 아닌 물리 현상에서 결정되는 것이다. 또한 이 예제는 변수분리형으로 보면 예제 3.5와 동일하다.

예제 3.8

$\dfrac{d^2y}{dt^2} + \dfrac{dy}{dt} - 2y = 0$을 풀어라.

해답 연산자 D를 이용하면

$$(D^2 + D - 2)y = 0$$

에서

$$f(D) = D^2 + D - 2 = (D+2)(D-1) = 0$$

이다. 따라서 $f(D) = 0$의 해는 $D = -2, 1$이 되며, 해는

$$y(t) = c_1 e^{-2t} + c_2 e^t$$

예제 3.9

$\dfrac{d^2y}{dt^2} + 2\dfrac{dy}{dt} + y = 0$을 풀어라.

해답　　　　$f(D) = D^2 + 2D + 1 = (D+1)^2 = 0$에서 $D = -1$이 중근이다.

따라서 해는

$$y(t) = (c_1 + c_2 t)e^{-t} \qquad\qquad\qquad ①$$

고찰 : $y(t) = (c_1 + c_2 t)e^{-t}$을 원래의 미분방정식에 대입해 본다.

$$\frac{dy}{dt} = c_2 e^{-t} - (c_1 + c_2 t)e^{-t}$$

$$\frac{d^2 y}{dt^2} = -c_2 e^{-t} - c_2 e^{-t} + (c_1 + c_2 t)e^{-t}$$

$\left\{ -c_2 e^{-t} - c_2 e^{-t} + (c_1 + c_2 t)e^{-t} \right\} + 2\left\{ c_2 e^{-t} - (c_1 + c_2 t)e^{-t} \right\} + (c_1 + c_2 t)e^{-t} = 0$이며

①식은 원래의 미분방정식을 충족하고 있음을 확인할 수 있다.

예제 3.10

$\dfrac{d^2 y}{dt^2} + 2\dfrac{dy}{dt} + 3y = 0$을 풀어라.

해답　$f(D) = D^2 + 2D + 3 = 0$에서 $D = -1 \pm i\sqrt{2}$이다. 따라서 해는

$$y(t) = c_1 e^{(-1+i\sqrt{2})t} + c_2 e^{(-1-i\sqrt{2})t} = e^{-t}(c_1 e^{i\sqrt{2}t} + c_2 e^{-i\sqrt{2}t})$$

예제 3.11

$\dfrac{d^3 y}{dt^3} + 5\dfrac{d^2 y}{dt^2} + 8\dfrac{dy}{dt} + 4y = 0$을 풀어라.

해답　$f(D) = D^3 + 5D^2 + 8D + 4 = (D+1)(D+2)^2 = 0$에서

$D = -1, -2$이며 -2는 중근이다. 따라서 해는

$$y(t) = c_1 e^{-t} + (c_2 + c_3 t)e^{-2t}$$

다음은 강제항이 포함된 예를 나타낸다. 강제항이 포함된 경우는 동차방정식의 일반해 외에 특수해 한 개를 찾아야 한다. 특수해를 찾는 방법은 발견적이지만 주어진 미분방정식을 충족하는 해를 무언가 하나 찾으면 된다. 대표적인 특수해의 예를 나타내 보자.

$$\frac{d^2y}{dt^2} + 2\frac{dy}{dt} + 2y = 1 \text{을 풀어라.}$$

해답 $f(D) = D^2 + 2D + 2 = 0$이므로 $D = -1 \pm i$이다. 따라서 동차방정식의 일반해는

$$y(t) = c_1 e^{(-1+i)t} + c_2 e^{(-1-i)t} = e^{-t}(c_1 e^{it} + c_2 e^{-it})$$

이다. 특수해는 미분방정식을 한 번 보면 $y(t) = \frac{1}{2}$이 눈에 띈다. 왜냐하면 상수의

미분은 전부 0이므로 $y(t) = \frac{1}{2}$을 문제식에 대입하면 $1 = 1$이 되어 $y(t) = \frac{1}{2}$이 문

제식을 충족하고 있는 것을 확인할 수 있는 것이다. 따라서 일반해는

$$y(t) = \frac{1}{2} + e^{-t}(c_1 e^{it} + c_2 e^{-it})$$

강제항이 상수인 경우는 언제나 이 방법으로 특수해 한 개를 알 수 있다.

$$\frac{d^2y}{dt^2} + \frac{dy}{dt} - 2y = e^{-t} \text{를 풀어라.}$$

해답 동차방정식은 예제 3.8과 동일하다. 따라서 동차방정식의 일반해는

$$y(t) = c_1 e^{-2t} + c_2 e^t$$

이다. 이 동차방정식의 일반해에 특수해를 하나 찾아 더하면 그것이 전체의 일반해가

된다. 외력항의 e^{-t}은 몇 번 미분해도 함수의 형태가 변하지 않으므로 하나의 특수

해를 $y(t) = ce^{-t}$으로 예측하여 대입해 본다.

$$(c - c - 2c)e^{-t} = e^{-t}$$

에서 $c = -\frac{1}{2}$이면 원래의 미분방정식을 충족한다.

따라서 일반해는

$$y(t) = c_1 e^{-2t} + c_2 e^t - \frac{1}{2}e^{-t}$$

예제 3.14

$$\frac{d^2y}{dt^2} + \frac{dy}{dt} - 2y = e^{-2t} \text{을 풀어라.}$$

해답 동차방정식의 일반해는 예제 3.13과 같은 것으로

$$y(t) = c_1 e^{-2t} + c_2 e^t$$

이다. 이번에는 e^{-2t}의 항이 이미 동차방정식의 일반해에 포함되어 있다.

그것은 $f(D) = D^2 + D - 2$에서 $f(-2) = 0$이 되는 것에서도 확인할 수 있다.

이 경우의 특수해는 $y = cte^{-2t}$이라고 놓으면

$$\frac{dy}{dt} = ce^{-2t} - 2cte^{-2t}$$

$$\frac{d^2y}{dt^2} = -2ce^{-2t} - 2ce^{-2t} + 4cte^{-2t}$$

이므로 문제식에 대입하여 $c = -\frac{1}{3}$을 얻을 수 있다.

따라서 일반해는

$$y(t) = c_1 e^{-2t} + c_2 e^t - \frac{1}{3}te^{-2t}$$

예제 3.15

$$\frac{d^2y}{dt^2} + \frac{dy}{dt} - 2y = t^2 \text{을 풀어라.}$$

해답 강제항이 2차 다항식인 경우의 특수해는 $y = a + bt + ct^2$이라고 놓는다.

$$\frac{dy}{dt} = b + 2ct$$

$$\frac{d^2y}{dt^2} = 2c$$

이므로 이것을 원래의 미분방정식에 대입하면,

$$-2a + b + 2c = 0$$
$$2c - 2b = 0$$
$$2c = -1$$

에서 $a = -\dfrac{3}{4}$, $b = -\dfrac{1}{2}$, $c = -\dfrac{1}{2}$이 얻어진다. 따라서 일반해는

$$y(t) = c_1 e^{-2t} + c_2 e^t - \frac{3}{4} - \frac{1}{2}t - \frac{1}{2}t^2$$

예제 3.16

$\dfrac{d^2 y}{dt^2} + \dfrac{dy}{dt} - 2y = \sin t$를 풀어라.

해답 이 경우의 특수해는 $y = a \sin t + b \cos t$라고 놓는다. 일반해는 다음 식과 같다.

$$y(t) = c_1 e^{-2t} + c_2 e^t - \frac{3}{10} \sin t - \frac{1}{10} \cos t$$

3-6 선형 시변수계의 해법

선형 상수계의 다음은 선형 시변수계이다. 예를 들어 2차계의 예를 나타내면
$$a(t)y''(t) + b(t)y'(t) + c(t)y(t) = f(t) \tag{3.19}$$
의 형태를 선형 시변수계의 미분방정식이라고 한다. 선형 상수형과의 차이는 계수에 있다. 계수 a, b, c가 상수인 경우가 선형 상수형이고 $a(t)$, $b(t)$, $c(t)$와 같이 시간의 함수(독립변수의 함수)로 되어 있는 경우가 선형 시변수계이다.

선형 미분방정식도 시변수계가 되면 이제 연산자법과 같이 체계적이고 편리한 해법은 없다. 1차의 경우에 한정하여 해석해가 주어지는 것에 불과하다. 고차 미분방정식의 경우는 행렬 형식의 연립 1차 미분방정식으로 표현하는데 그 일반적인 해법은 주어지지 않았다(참고문헌 8, 141쪽 참조).

1차의 선형 시변수계 미분방정식은
$$\frac{dy}{dt} + P(t)y = Q(t) \tag{3.20}$$
으로 나타낼 수 있다. (3.20)식이 교양수학에서 미분방정식의 초등 해법으로 가르치는 선형이다. 교양수학에서 독립변수는 일반적으로 x가 많으므로

$$\frac{dy}{dx} + P(x)y = Q(x) \tag{3.21}$$

로 나타낸다.

$$\frac{dy}{dx} + P(x)y + Q(x) = 0 \tag{3.22}$$

으로 나타내는 경우도 있다. (3.20)식에서 만약 $P(t)$가 상수 a이면

$$\frac{dy}{dt} + ay = Q(t) \tag{3.23}$$

이 되고 이것은 선형 1차 상수계 미분방정식이 된다. 또한 (3.20)식, (3.23)식에서 강제항 $Q(t)$가 0인 경우, 즉,

$$\frac{dy}{dt} + P(t)y = 0 \tag{3.24}$$

$$\frac{dy}{dt} + ay = 0 \tag{3.25}$$

을 동차방정식(제차방정식)이라고 한다.

(3.20)식과 (3.23)식의 해는 (3.24)식, (3.25)식의 일반해에 (3.20)식과 (3.23)식을 충족하는 어떤 특수해를 더한 형태로 주어진다. 선형상수형인 경우, 특수해의 대표적인 예에 대해서는 이미 3.5절에서 설명하였다.

그러므로 우선 동차방정식 (3.24)식을 풀도록 하자. 상수계수 (3.25)식의 경우는 이미 3.5절에서 설명하였듯이 연산자법에 의해

$$(D+a)y = 0 \tag{3.26}$$

에서 일반해는

$$y(t) = ce^{-at} \tag{3.27}$$

이었다. 시변수계 (3.24)식의 경우는

$$\frac{dy}{dt} + P(t)y = 0$$

이 변수분리형의 형태를 하고 있으므로

$$\frac{1}{y}dy = -P(t)dt \tag{3.28}$$

에서

$$\log_e |y| = -\int p(t)dt + c \tag{3.29}$$

가 얻어진다. 여기서 c는 적분상수이다. 따라서 동차방정식의 일반해를

$$y(t) = Ae^{-\int p(t)dt} \tag{3.30}$$

로 표현할 수 있다. $A = e^c$이다. (3.30)식을

$$y(t) = A \exp\left(-\int p(t)dt\right) \tag{3.31}$$

로도 표현한다. (3.30)식이 동차방정식 (3.24)식의 일반해이다.

다음은 상수변화법을 이용하여 (3.20)식의 특수해를 구하는 것이다. (3.30)식의 계수 A를 시간의 함수로 생각하여 (3.20)식의 특수해 하나를

$$y = A(t)e^{-\int p(t)dt} \tag{3.32}$$

라고 가정한다. 이 방법을 상수변화법이라고 한다. 이때

$$\frac{dy}{dt} = \frac{dA}{dt}e^{-\int p(t)dt} + A\frac{d}{dt}(e^{-\int p(t)dt}) = \frac{dA}{dt}e^{-\int p(t)dt} - Ap(t)e^{-\int p(t)dt}$$

$$\tag{3.33}$$

이다. 제2항을 $z = -\int p(t)dt$로 놓고 치환 미분을 한다.

(3.32)식은 (3.20)식의 해이므로 (3.32)식과 (3.33)식을 (3.20)식에 대입하여

$$\frac{dA}{dt}e^{-\int p(t)dt} = Q(t)$$

$$\frac{dA}{dt} = Q(t)e^{\int p(t)dt}$$

$$A(t) = \int Q(t)e^{\int p(t)dt}dt \tag{3.34}$$

가 얻어진다. 여기서는 특수해이므로 적당한 해가 하나 있으면 되기 때문에 적분상수를 0으로 하고 있다. (3.34)식을 (3.32)식에 대입하면 특수해는

$$y = A(t)e^{-\int p(t)dt} = e^{-\int p(t)dt}\int Q(t)e^{\int p(t)dt}dt \tag{3.35}$$

로 주어진다. 따라서 (3.20)식의 일반해는 (3.30)식과 (3.35)식에서

$$y(t) = e^{-\int p(t)dt}\left\{A + \int Q(t)e^{\int p(t)dt}dt\right\} \tag{3.36}$$

가 된다. 일반적인 식으로 쓰면 매우 어렵기 때문에 다음 예제에서 푸는 방법을 익히도록 하자.

예제 3.17

미분방정식 $\dfrac{dy}{dt} - y = t$를 풀어라.

해답 선형 미분방정식 $\dfrac{dy}{dt} + p(t)y = Q(t)$에서 $p(t) = -1$, $Q(t) = t$인 경우이다. 이러한 예는 외력이 있는 선형 상수형이므로 3.5절에서 설명한 연산자법으로 풀 수가 있지만 본 절에서의 설명에 따라 풀어 보기로 한다. 우선, 동차식

$$\frac{dy}{dt} - y = 0$$

에서 이것을 변수분리형으로 보고

$$\frac{1}{y}dy = dt$$

를 양변 각각 적분해서

$$\log_e y = t + c$$

이다. 따라서 일반해는

$$y = e^{t+c} = e^c e^t = Ae^t$$

으로 할 수 있다. 이것이 (3.30)식이다. 왜냐하면 $p(t) = -1$이므로

$$y = Ae^{-\int p(t)dt} = Ae^{\int dt} = Ae^t$$

인 것이다. 다음에 상수변화법으로 특수해를 구한다.

$$y = A(t)e^t \qquad\qquad ①$$

이 주어진 미분방정식의 해라고 가정한다. 이것이 (3.32)식에 해당한다. 이때

$$\frac{dy}{dt} = \frac{dA}{dt}e^t + Ae^t \qquad\qquad ②$$

이다. 이 식이 (3.33)식에 해당한다. ①식과 ②식을 문제식에 대입하여

$$\frac{dA}{dt} = te^{-t}$$

$$A = \int te^{-t}dt = t\int e^{-t}dt - \iint e^{-t}dtdt = -e^{-t}(1+t) \qquad ③$$

가 얻어진다. 이것이 (3.34)식에 해당한다. 따라서 특수해는

$$y = A(t)e^t = -(1+t) \qquad\qquad ④$$

이며 (3.35)식에 대응한다. 왜냐하면 $p(t) = -1$, $Q(t) = t$이므로 (3.35)식은

$$y = e^{-\int -1dt}\int te^{\int -1dt}dt = e^t\int te^{-t}dt = e^t\left\{t\int e^{-t}dt - \iint e^{-t}dtdt\right\}$$

$$= -(1+t)$$

이다. 결국, 해는

$$y(t) = Ae^t - (1+t) \qquad\qquad ⑤$$

로 주어진다. 이것이 (3.36)식이다.

선형 1차 미분방정식의 해는 (3.36)식의 형태로 외우는 것보다 해법을 익혀야 한다. 요약하면 다음과 같다.

1. 동차방정식의 일반해를 변수분리형으로 하여 구한다.
2. 상수변화법으로 특수해를 구한다.
3. 동차방정식의 일반해와 특수해를 더해서 일반해로 한다.

예제 3.18

$\dfrac{dy}{dt} + \dfrac{1}{2t}y = t$를 풀어라.

해답 동차방정식은

$$\frac{dy}{dt} + \frac{1}{2t}y = 0$$

이다. 이것은 변수분리형이므로

$$\int \frac{1}{y}dy = -\frac{1}{2}\int \frac{1}{t}dt$$

에서 동차방정식의 일반해는

$$\log_e y = -\frac{1}{2}\log_e t + c$$

$$y(t) = \frac{A}{\sqrt{t}}$$

이다. 다음으로 상수변화법으로 특수해를 구한다. 특수해 하나를

$$y = \frac{A(t)}{\sqrt{t}}$$

으로 하면

$$\frac{dy}{dt} = \frac{dA}{dt}\frac{1}{\sqrt{t}} - \frac{A}{2}t^{-\frac{3}{2}}$$

이므로

$$\frac{dA}{dt}\frac{1}{\sqrt{t}} - \frac{A}{2}t^{-\frac{3}{2}} + \frac{A}{2}t^{-\frac{3}{2}} = t$$

$$A(t) = \frac{2}{5}t^{\frac{5}{2}}$$

이다. 따라서 특수해 하나는

$$y = \frac{2}{5}t^{\frac{5}{2}}\frac{1}{\sqrt{t}} = \frac{2}{5}t^2$$

이며 일반해는 다음 식과 같다.

$$y(t) = \frac{A}{\sqrt{t}} + \frac{2}{5}t^2$$

2차 이상의 선형 시변수계 미분방정식은 특히 제어공학의 최적 제어이론 분야에서 자세하게 취급되고 있는데 (예를 들어 참고문헌 8. 134쪽~), 해석적인 해를 구하는 것은 결코 쉬운 일이 아니다. 만약 필요하게 된 경우에는 엄밀한 해석해를 구하려고 하기보다 오히려 3-8절에서 설명하는 수치해법을 이용하는 것이 현명하지 않을까 생각한다.

3-7 여러 가지 물리 현상의 미분방정식

지금까지는 주어진 미분방정식을 푸는 것만 생각하였다. 그러나 공학에서는 물리 현상에 대한 미분방정식을 구하는 것이 보다 중요하다. 역학에서의 운동방정식이나 전기회로에서의 회로방정식이 미분방정식에 해당한다.

예제 3.19

열시스템의 문제 - 순간온수기

순간온수기에 가해지는 열량 $x(t)$ [J/s]와 유출되는 물의 온도 $y(t)$ [K]의 관계를 구하여라.

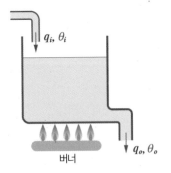

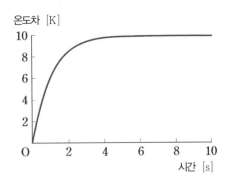

기호를 다음과 같이 정한다.

단위시간당 유입수의 질량 : $q_i\,[\mathrm{kg/s}]$

단위시간당 유출수의 질량 : $q_o\,[\mathrm{kg/s}]$

유입수의 온도 : $\theta_i\,[\mathrm{K}]$

유출수의 온도 : $\theta_o\,[\mathrm{K}]$

단위시간당 가열 열량 : $x(t)\,[\mathrm{J/s}]$

유입수와 유출수의 온도차 : $y(t)=(\theta_o-\theta_i)\,[\mathrm{K}]$

탱크의 열용량 : $C\,[\mathrm{J/K}]$

물의 비열 : $c\,[\mathrm{J/(kg\cdot K)}]$

단위에 대한 설명은 부록을 참조 바란다. 물의 비열 c는 질량 $1\,[\mathrm{kg}]$의 물을 $1\,[\mathrm{K}]$ 올리는 데 필요한 열량$[\mathrm{J}]$이므로 단위는 $[\mathrm{J/(kg\cdot K)}]$이다. 또한, 탱크의 열용량 C는 탱크의 온도를 $1\,[\mathrm{K}]$ 올리는 데 필요한 열량$[\mathrm{J}]$이므로 단위는 $[\mathrm{J/K}]$이다. 지금 탱크에 유입되는 유량과 유출되는 유량이 동일하기 때문에 정상상태 $q_i=q_o=q$ 로 생각한다. 또한, 탱크에서의 열손실은 없고 탱크 안의 온도는 일정하다고 가정한다. 이때 가해진 열량은 탱크 안의 온도 상승에 필요한 열량과 유출된 열량의 합과 같으므로

$$C\frac{dy(t)}{dt}+qcy(t)=x(t) \qquad\qquad ①$$

가 성립한다. 좌변 제1항이 단위시간당 탱크의 온도 상승에 필요한 열량이며 제2항은 유출 열량이다. 여기서 단위를 확인해 두자.

$$C\frac{dy(t)}{dt}=\left[\frac{\mathrm{J}}{\mathrm{K}}\right]\cdot\left[\frac{\mathrm{K}}{\mathrm{s}}\right]=\left[\frac{\mathrm{J}}{\mathrm{s}}\right]$$

$$qcy(t)=\left[\frac{\mathrm{kg}}{\mathrm{s}}\right]\left[\frac{\mathrm{J}}{\mathrm{kg}\cdot\mathrm{K}}\right][\mathrm{K}]=\left[\frac{\mathrm{J}}{\mathrm{s}}\right]$$

이와 같이 공학에서 성립하는 등식은 단위만 계산해도 반드시 같아진다. 그리고 미분은 시간으로 나누고 적분은 시간을 곱한다는 것을 기억해 두자.

그러므로 ①식은

$$\frac{dy(t)}{dt} + \frac{cq}{C}y(t) = \frac{1}{C}x(t) \qquad \text{②}$$

이므로 ②식은 1차 선형상수계 미분방정식이 된다.

여기서 아래와 같은 가정해 보자. 탱크의 용량을 $1[\ell]$로 하면 탱크 안의 물의 질량은 $1[\mathrm{kg}]$이다. 이 탱크에 온도 $\theta_i[\text{℃}]$의 물이 매초 $1[\mathrm{kg}]$씩 유입되고 온도 $\theta_o[\text{℃}]$의 온수가 매초 $1[\mathrm{kg}]$씩 유출되고 있다고 하자. 또한, 초기조건으로 시간 $t = 0$에서 유입수, 유출수 및 탱크 안의 수온을 $10[\text{℃}] = 283[\mathrm{K}]$으로 하여 매초(일정한) $x(t) = 4.2 \times 10^4[\mathrm{J/s}]$의 열량을 가하는 것으로 한다.

물의 비열은 $c = 1[\mathrm{cal/(g \cdot K)}] = 4.2 \times 10^3 \ [\mathrm{J/(kg \cdot K)}]$

탱크의 열용량은 $C = 4.2 \times 10^3 [\mathrm{J/K}]$

으로 하면

$$\frac{cq}{C} = \frac{4.2 \times 10^3 \times 1}{4.2 \times 10^3} = 1 \qquad \text{③}$$

$$\frac{1}{C} = \frac{1}{4.2 \times 10^3} \qquad \text{④}$$

이 되고 ③, ④식과 $x(t) = 4.2 \times 10^4 \ [\mathrm{J/s}]$을 ②식에 대입하여

$$\frac{dy(t)}{dt} + y(t) = 10 \qquad \text{⑤}$$

이다. 수학에서는 이 ⑤식에서부터 시작한다. ⑤식은 상수계수의 선형 1차 미분방정식이며 해는 동차방정식의 일반해와 한 개의 특수해의 합으로 주어진다. 일반해는 $y(t) = ae^{-t}$이며 한 개의 특수해는 명백하게 $y(t) = 10$이므로 (⑤식에 대입하여 확인할 것) ⑤식의 해는

$$y(t) = ae^{-t} + 10 \qquad \text{⑥}$$

이 된다.

다음으로 적분상수 a의 값은 초기조건에서 결정된다. 초기조건은 $t = 0$에서 유입수, 유출수 및 탱크 안의 수온이 $10[\text{℃}] = 283[\mathrm{K}]$이므로, 유입수과 유출수의 온도차는 $y(t) = 0$이 된다. 따라서 ⑥식에서

$$a = -10 \qquad \text{⑦}$$

을 얻을 수 있다. 따라서 해는

$$y(t) = 10(1 - e^{-t})$$ ⑧

이 된다. 이 문제에서는 $y(t) = \theta_o(t) - \theta_i(t)$로 하였으므로 유입수의 수온에 대해 유출수의 열탕온도가 정상적으로는 $10\,[\,℃\,]$높아지는 순간온수기이다.

예제 3.20

유체시스템의 문제 – 저수 탱크의 수위

단면적이 $A\,[\mathrm{m}^2]$인 원통형 저수 탱크에서 단위시간당 유입되는 물의 체적유량을 $q_i(t)\,[\mathrm{m}^3/\mathrm{s}]$, 유출되는 물의 체적유량을 $q_o(t)\,[\mathrm{m}^3/\mathrm{s}]$로 하였을 때 수위 변동 $h(t)$를 구하여라.

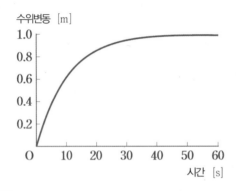 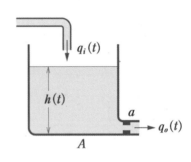

해답

기호를 다음과 같이 정한다.

단위시간당 유입수의 체적유량 : $q_i(t)\ [\mathrm{m}^3/\mathrm{s}]$

단위시간당 유출수의 체적유량 : $q_o(t)\ [\mathrm{m}^3/\mathrm{s}]$

수위 : $h(t)\,[\mathrm{m}]$

탱크 단면적 : $A\,[\mathrm{m}^2]$

유출구의 단면적 : $a\,[\mathrm{m}^2]$

유출계수 : $\eta\,[-]$

중력가속도 : $g\,[\mathrm{m}/\mathrm{s}^2]$

이때 탱크 안의 수위 변동은 유입량과 유출량의 차이로 발생하므로

$$A\frac{dh(t)}{dt} = q_i(t) - q_o(t)$$ ①

로 표시된다. ①식에서 유출구로부터 단위시간당 유출수의 체적유량은 수위 $h(t)$의

함수로 수력학의 공식에서

$$q_o(t) = \eta a \sqrt{2gh(t)} \qquad ②$$

로 주어진다. 여기서 ②식의 단위를 확인해 두자.

$$\eta a \sqrt{2gh(t)} = [-]\left[\mathrm{m}^2\right]\left[\sqrt{\frac{\mathrm{m}}{\mathrm{s}^2}\mathrm{m}}\right] = \left[\frac{\mathrm{m}^3}{\mathrm{s}}\right] \qquad ③$$

이 되어 ①식의 좌변과 $q_i(t)$가 일치하고 있다. 따라서 ②식을 ①식에 대입하면

$$A\frac{dh(t)}{dt} = q_i(t) - \eta a \sqrt{2gh(t)} \qquad ④$$

이다. 이항하면

$$A\frac{dh(t)}{dt} + \eta a \sqrt{2gh(t)} = q_i(t) \qquad ⑤$$

이다. ⑤식은 1차 미분방정식인데 제2항의 $h(t)$에 $\sqrt{\ }$가 있으므로 비선형이 되어 이대로는 풀 수가 없다. 그러므로 평형상태에서의 미소 변동이라는 개념으로 ⑤식을 근사 선형화하는 것을 생각한다. 평형상태에서는 수위 변동이 없으므로

$$\frac{dh(t)}{dt} = 0 \qquad ⑥$$

이다. 이때 ⑤식에서

$$\eta a \sqrt{2gh_0} = q_{i0} \qquad ⑦$$

이다. q_{i0}는 평형상태에서의 유입량을 나타내고 있다. 즉, 유입량 q_{i0}에 대해 ⑦식이 충족되는 수위 h_0에서 유입량과 유출량이 동일해져서 평형상태가 되는 것이다.

이 평형상태에서 유입량 q_i가 q_{i0}에서 Δq만큼 변동하였다고 가정한다. 이 변동에 의해 수위도 h_0에서 Δh만큼 변동하였다고 하면

$$q_i(t) = q_{i0} + \Delta q(t),\ h(t) = h_0 + \Delta h(t) \qquad ⑧$$

이다. 이때 식의 좌변 제2항은 $\Delta h(t)/h_0 \ll 1$을 고려하면서 (2.35)식의 2항 급수 전개를 사용하면

$$\eta a \sqrt{2gh(t)} = \eta a \sqrt{2h(h_0+\Delta h(t))} = \eta a \sqrt{2gh_0}\left(1+\frac{\Delta h(t)}{h_0}\right)^{\frac{1}{2}}$$
$$= \eta a \sqrt{2gh_0}\left(1+\frac{1}{2}\cdot\frac{\Delta h(t)}{h_0} - \frac{1}{8}\left(\frac{\Delta h(t)}{h_0}\right)^2 + \cdots\right) \qquad ⑨$$

이므로 제2항까지 근사하는 것으로 하면

$$\eta a \sqrt{2gh(t)} = \eta a \sqrt{2gh_0}\left(1 + \frac{1}{2} \cdot \frac{\Delta h(t)}{h_0}\right) \tag{⑩}$$

로 할 수 있다. ⑧식과 ⑩식을 ⑤식에 대입하면

$$A\frac{d\Delta h(t)}{dt} + \eta a \sqrt{2gh_0}\left(1 + \frac{1}{2} \cdot \frac{\Delta h(t)}{h_0}\right) = q_{i0} + \Delta q(t) \tag{⑪}$$

이다. 평형상태에서는 ⑦식에서 $\eta a \sqrt{2gh_0} = q_{i0}$이므로 ⑪식은

$$A\frac{d\Delta h(t)}{dt} + \frac{q_{i0}}{2h_0}\Delta h(t) = \Delta q(t) \tag{⑫}$$

이다. 여기서 변수를 다시

$$\Delta h(t) = x(t), \; \Delta q(t) = y(t) \tag{⑬}$$

로 고쳐 쓰면,

$$\frac{dx(t)}{dt} + \frac{q_{i0}}{2h_0 A}x(t) = \frac{1}{A}y(t) \tag{⑭}$$

를 얻을 수 있다. 이 ⑤식에서 ⑭식으로의 변환을 평형점 근처에서의 근사 선형화라고 하며, 공학에서 중요한 해석 방법의 하나이다. ⑭식은 1차 선형 상수계이므로 해는 예제 3.19와 완전히 동일한 형태가 된다.

예를 들면 반지름 $1\,[\mathrm{m}]$의 원통형 탱크에서 $q_{i0} = 3.14\,[\mathrm{m^3/s}]$일 때 $h_0 = 5\,[\mathrm{m}]$에서 평형상태에 있는 탱크에서 $y(t) = 0.314\,[\mathrm{m^3/s}]$라고 하면

$$\frac{dx(t)}{dt} + 0.1x(t) = 0.1 \tag{⑮}$$

이 되고 해는 $t = 0$에서 $x(0) = 0$이라고 하면

$$x(t) = 1 - e^{-0.1t} \tag{⑯}$$

이다. 수위가 $1\,[\mathrm{m}]$ 상승하여 정상상태에 도달하게 된다.

예제 3.21

전기 회로의 문제 – RL 회로

그림에 나타낸 RL 회로에 펄스형 기전력 $E(t)$를 가하였을 때의 회로에 흐르는 전류 $i(t)$를 구하여라. 단, $t = 0$에서 $i(0) = 0$으로 한다.

해답 회로방정식은

$$L\frac{di(t)}{dt} + Ri(t) = E(t) \tag{①}$$

이다. 전류 $i(t)$가 흘러서 발생하는 코일의 자기유도 기전력은 $L di(t)/dt$, 저항 R 에서의 전압 강하는 $Ri(t)$이다. ①식은 그대로 외워 두는 것이 좋다. 여기서

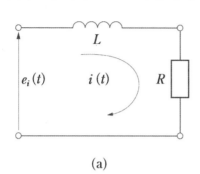

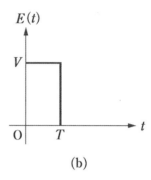

(a)   (b)

$$E(t) = V \quad (0 \leq t < T)$$
$$\quad\quad = 0 \quad (t \geq T) \tag{②}$$

이다. 따라서 ①식의 미분방정식은 $0 \leq t < T$와 $t \geq T$의 2개의 경우로 나누어 풀게 된다. 우선, $0 \leq t < T$ 의 경우이다. 이때 ①식은

$$L\frac{di(t)}{dt} + Ri(t) = V \tag{③}$$

이다. 또한 동차방정식은

$$L\frac{di(t)}{dt} + Ri(t) = 0 \tag{④}$$

이다. 동차방정식을 연산자법으로 풀면

$$(LD + R)i(t) = 0 \tag{⑤}$$

에서 동차방정식의 일반해는

$$i(t) = ce^{-\frac{R}{L}t} \tag{⑥}$$

로 주어진다. c는 적분상수이다. 다음에 ③식의 한 개의 특수해는

$$i(t) = \frac{V}{R} \tag{⑦}$$

이다. 이것은 ⑦식을 ③식에 대입해 보면 알 수 있다. 따라서 $0 \leq t < T$ 일 때의 일반해는

$$i(t) = ce^{-\frac{R}{L}t} + \frac{V}{R} \tag{⑧}$$

가 된다. 여기서 초기조건은 $t = 0$에서 $i(0) = 0$이므로

$$i(0) = c + \frac{V}{R} = 0 \tag{⑨}$$

에서 적분상수 c 는

$$c = -\frac{V}{R}$$ ⑩

가 된다. 따라서 $0 \leq t < T$ 에서의 ③식의 일반해는

$$i(t) = \frac{V}{R}\left(1 - e^{-\frac{R}{L}t}\right)$$ ⑪

이 된다.

다음은 $t \geq T$ 의 경우이다. 이 경우는 $E(t) = 0$이므로 회로방정식은

④식과 같아져, 해는 적분상수를 c'로 하면,

$$i(t) = c'e^{-\frac{R}{L}t} \quad (t \geq T)$$ ⑫

이다. 단 여기서 c'을 $0 \leq t < T$ 일 때의 해와 일치하도록 정해야 한다. 즉, $0 \leq t < T$ 일 때의 $t = T$ 에서 해의 값이 $t \geq T$ 인 경우의 $t = T$ 에서의 해의 값이 되어야 한다. 따라서

⑪식, ⑫식에서

$$i(T) = \frac{V}{R}\left(1 - e^{-\frac{R}{L}T}\right) = c'e^{-\frac{R}{L}T}$$ ⑬

$$c' = \frac{V}{R}(e^{\frac{R}{L}T} - 1)$$ ⑭

이 되고 $t \geq T$ 의 해는

$$i(t) = \frac{V}{R}\left(e^{\frac{R}{L}T} - 1\right)e^{-\frac{R}{L}t}$$ ⑮

으로 주어진다. $R = 1\ [\Omega]$, $L = 0.2\ [H]$, $V = 1\ [V]$, $T = 1\ [s]$로 하였을 경우의 결과는 다음 그래프와 같다.

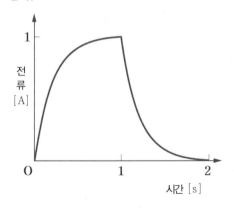

예제 **3.22**

자유낙하 문제

질량 $m\,[\mathrm{kg}]$의 물체를 $50\,[\mathrm{m}]$의 높이에서 자유낙하시켰을 때 물체의 운동에 대해 풀어라. 단, 공기 저항은 무시하고 중력가속도는 $g = 9.8\,[\mathrm{m/s^2}]$으로 한다.

해답 예제 3.1에서 개략적으로 설명하였지만 여기서 정확하게 설명하기로 한다. 지표를 원점으로 하여 수직 상방의 높이 $h(t)\,[\mathrm{m}]$가 있다고 생각한다. 이때 물체의 초기 위치는 $t = 0$에서 $h(0) = 50\,[\mathrm{m}]$이다. 임의의 시간의 물체의 높이는 $h(t)\,[\mathrm{m}]$

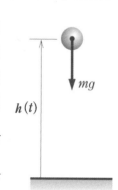

이므로 물체의 속도는 $\dfrac{dh(t)}{dt}$, 가속도는 $\dfrac{d^2 h(t)}{dt^2}$이다. 자유낙

하하는 물체에 작용하는 힘은 중력 $mg\,[\mathrm{N}]$뿐이며, 이 힘은 $h(t)$의 양의 방향에 대해 역방향이므로 뉴턴의 운동방정식은

$$m\frac{d^2 h(t)}{dt^2} = -mg \qquad ①$$

가 된다. 따라서 자유낙하의 운동방정식으로서

$$\frac{d^2 h(t)}{dt^2} = -g \qquad ②$$

가 얻어진다. 이것은 선형 2차 미분방정식이다. 예제 3.1과는 부호가 다른데 이는 좌표의 원점을 선택하는 방법에 따른 것이다. 물체의 초기 위치를 원점으로 하여 수직 하방으로 낙하 거리를 양수로 정하면 예제 3.1의 형태가 된다.

또한, ②식에서 자유낙하는 물체의 질량 m과는 상관이 없다. 이것이 갈릴레이의 피사의 사탑 실험을 의미를 나타내는 것이다. ②식은 양변을 t로 한 번 적분하면

$$\frac{dh(t)}{dt} = -gt + c_1 \qquad ③$$

다시 한 번 적분하여

$$h(t) = -\frac{1}{2}gt^2 + c_1 t + c_2 \qquad ④$$

를 얻을 수 있다. c_1, c_2는 적분상수이다. 여기서, 적분상수에 대해 생각해 보자. 자유낙하는 위쪽으로 던지거나 아래쪽으로 던지지 않는 것으로서 낙하의 처음 속도가 0이라는 것이다. 따라서 ③식에서

$$h'(0) = c_1 = 0 \qquad\qquad ⑤$$

이다. 또한 초기 위치는 $h(0) = 50\,[\mathrm{m}]$이므로 ④식에서

$$h(0) = c_2 = 50 \qquad\qquad ⑥$$

이다. 따라서 해는

$$h'(t) = -gt \qquad\qquad ⑦$$

$$h(t) = -\frac{1}{2}gt^2 + 50 \qquad\qquad ⑧$$

이 된다. 지면에 떨어질 때까지의 소요 시간은 ⑧식에서 높이가 $h(t) = 0$이므로

$$-\frac{1}{2}gt^2 + 50 = 0$$

에서

$$t = \sqrt{\frac{100}{g}} \cong 3.2\,[\mathrm{s}]$$

가 된다. 또한, 지면에 충돌하는 속도는 $|h'(3.2)| \cong 31.4\,[\mathrm{m/s}]$이다.

예제 3.23

포사체 운동

질량이 $m\,[\mathrm{kg}]$인 물체를 처음 속도 $v_0\,[\mathrm{m/s}]$, 발사각 $\theta_0\,[\,^\circ\,]$로 발사하였을 때의 궤적을 구하여라. 단, 공기 저항은 무시하고 중력가속도는 $g = 9.8\,[\mathrm{m/s^2}]$이다.

해답 발사점을 원점으로 하고 발사 수평방향에 x축, 수직방향에 z축을 잡는다. x축 방향에 작용하는 외력은 0이며, z축 방향에는 중력이 $-mg$이다. 처음 속도는 힘이 아니므로 운동방정식에 직접 들어가지 않고 초기 조건으로 넣는다. 따라서 운동방정식은

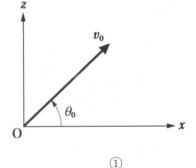

$$m\frac{d^2 x(t)}{dt^2} = 0 \qquad\qquad ①$$

$$m\frac{d^2 z(t)}{dt^2} = -mg \qquad\qquad ②$$

이다. 이 경우도 질량 $m\,[\mathrm{kg}]$에 의한 차이는 발생하지 않는다. ①식, ②식은 모두 선형 2차 미분방정식으로 좌변, 우변을 단독으로 적분할 수 있다. 따라서

$$x'(t) = c_1 \qquad\qquad ③$$

$$x(t) = c_1 t + c_2 \qquad\qquad ④$$

$$z'(t) = -gt + c_3 \qquad\qquad ⑤$$

$$z(t) = -\frac{1}{2}gt^2 + c_3 t + c_4 \qquad\qquad ⑥$$

이다. 여기서 초기 조건은

$$x'(0) = v_0 \cos\theta_0, \ z'(0) = v_0 \sin\theta_0 \qquad\qquad ⑦$$

$$x(0) = 0, \ z(0) = 0 \qquad\qquad ⑧$$

이다. ⑦식, ⑧식을 ③식에서 ⑥식에 대입하여

$$c_1 = v_0 \cos\theta_0, \ c_2 = 0 \qquad\qquad ⑨$$

$$c_3 = v_0 \sin\theta_0, \ c_4 = 0 \qquad\qquad ⑩$$

이다. 따라서 물체의 궤적은

$$x(t) = v_0 \cos\theta_0 \cdot t \qquad\qquad ⑪$$

$$z(t) = -\frac{1}{2}gt^2 + v_0 \sin\theta_0 \cdot t \qquad\qquad ⑫$$

로 주어진다.

예를 들면, 정점에서는 z 방향의 속도는 0이므로 ⑤식과 ⑩식에서

$$z'(t) = -gt + v_0 \sin\theta_0 = 0 \qquad\qquad ⑬$$

이므로 정점에 도달할 때까지의 시간은

$$t_p = \frac{v_0 \sin\theta_0}{g} \qquad\qquad ⑭$$

이다. ⑭식을 ⑪식, ⑫식에 대입하면 정점의 좌표는

$$x(t_p) = v_0 \cos\theta_0 \cdot \frac{v_0 \sin\theta_0}{g} = \frac{v_0^2 \sin 2\theta_0}{2g} \qquad\qquad ⑮$$

$$z(t_p) = -\frac{1}{2}g\left(\frac{v_0 \sin\theta_0}{g}\right)^2 + \frac{v_0^2 \sin^2\theta_0}{g} = \frac{v_0^2 \sin^2\theta_0}{2g} \qquad\qquad ⑯$$

이 된다. 또한 착지점에서 $z(t) = 0$이 되는 것을 생각하면 ⑫식에서

$$t\left(-\frac{1}{2}gt + v_0 \sin\theta_0\right) = 0 \qquad\qquad ⑰$$

따라서

$$t = 0, \ \frac{2v_0 \sin\theta_0}{g} \qquad\qquad ⑱$$

이다. $t = 0$는 최초의 발사 지점에 대응하고 있으므로

$t_q = \dfrac{2v_0 \sin\theta_0}{g}$이 된다. 이 예제에서는 공기 저항을 고려하지 않으므로 정확하게 t_p

의 2배가 되고 있다.

따라서 비상 거리는

$$x(t_q) = v_0 \cos\theta_0 \cdot \frac{2v_0 \sin\theta_0}{g} = \frac{v_0^2 \sin 2\theta_0}{g} \qquad \textcircled{19}$$

이 된다. ⑲식은 $\theta_0 = 45 \,[\,^\circ\,]$일 때 $\sin 2\theta_0 = 1$로 최대이다.

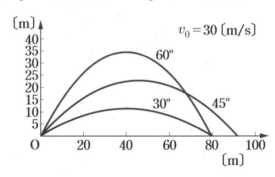

예제 3.24

로켓의 경우

질량이 $m \,[\mathrm{kg}]$인 로켓을 발사각 $\theta_0 \,[\,^\circ\,]$로 발사하였을 경우의
궤적을 구하여라. 단, 로켓은 질점으로 하고 추력을

$$T(t) = T \,[\mathrm{N}] \ \ (0 \le t \le t_0)$$
$$= 0 \ \ (t > t_0)$$

으로 한다. 또한, 공기항력은 무시한다.

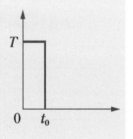

해답   로켓의 경우, 추력을 가지는 대신 초기값은 위치,
속도 모두 0이다.

(1) $0 \le t \le t_0$의 경우

이 경우의 운동방정식은

$$m\frac{d^2x(t)}{dt^2} = T\cos\theta_0 \qquad \textcircled{1}$$

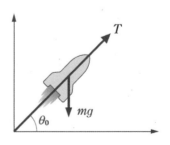

$$m\frac{d^2z(t)}{dt^2} = T\sin\theta_0 - mg \qquad ②$$

이다. 따라서

$$\frac{d^2x(t)}{dt^2} = \frac{T}{m}\cos\theta_0 \qquad ③$$

$$\frac{d^2z(t)}{dt^2} = \frac{T}{m}\sin\theta_0 - g \qquad ④$$

이다. ③식, ④식 모두 우변은 상수이므로 양변을 그대로 적분하면
초기값이 모두 0인 점을 고려하여

$$x'(t) = \frac{T}{m}\cos\theta_0 \cdot t \qquad ⑤$$

$$x(t) = \frac{T}{2m}\cos\theta_0 \cdot t^2 \qquad ⑥$$

$$z'(t) = \left(\frac{T}{m}\sin\theta_0 - g\right)t \qquad ⑦$$

$$z(t) = \frac{1}{2}\left(\frac{T}{m}\sin\theta_0 - g\right)t^2 \qquad ⑧$$

이다.

(2) $t > t_0$의 경우

⑤식부터 ⑧식의 $t = t_0$에 해당하는 값을 초기값으로 하여

$$\frac{d^2x(t)}{dt^2} = 0 \qquad ⑨$$

$$\frac{d^2z(t)}{dt^2} = -g \qquad ⑩$$

를 풀게 된다. $t = t_0$에서 초기값은

$$x'(t_0) = \frac{T}{m}\cos\theta_0 \cdot t_0 \qquad ⑪$$

$$x(t_0) = \frac{T}{2m}\cos\theta_0 \cdot t_0{}^2 \qquad ⑫$$

$$z'(t_0) = \left(\frac{T}{m}\sin\theta_0 - g\right)t_0 \qquad ⑬$$

$$z(t_0) = \frac{1}{2}\left(\frac{T}{m}\sin\theta_0 - g\right)t_0{}^2 \qquad ⑭$$

이다. 따라서 ⑨식, ⑩식의 해는

$$x'(t) = \frac{T}{m}\cos\theta_0 \cdot t_0 \qquad\qquad\qquad\qquad ⑤'$$

$$x(t) = \frac{T}{m}\cos\theta_0 \cdot t_0 \cdot t - \frac{T}{2m}\cos\theta_0 \cdot t_0{}^2 \qquad\qquad ⑥'$$

$$z'(t) = -gt + \frac{T}{m}\sin\theta_0 \cdot t_0 \qquad\qquad\qquad ⑦'$$

$$z(t) = -\frac{1}{2}gt^2 + \frac{T}{m}\sin\theta_0 \cdot t_0 \cdot t - \frac{1}{2}\frac{T}{m}\sin\theta_0 \cdot t_0{}^2 \qquad ⑧'$$

으로 주어진다. $m = 0.2\,[\text{kg}]$, $T = 30\,[\text{N}]$, $t_0 = 0.3\,[\text{s}]$으로 하였을 경우의
결과를 그림으로 나타내었다.

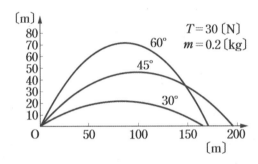

이 로켓은 페트병 로켓 정도이지만 로켓의 자세 변화나 물의 분출에 의한 질량 변화
는 고려하지 않았다. 또 공기 저항도 무시하고 있다. 공기 항력은 일반적으로 속도의
제곱에 비례하지만 이 항목을 고려하면 미분방정식이 비선형으로 되어 해석적으로 해
를 구하기가 어려워진다. 공기 항력을 고려하면 비상 거리는 감소한다. 예제 3.27을
참조하기 바란다.

예제 3.25

단진동

그림의 질량 및 스프링 시스템의 운동을 풀어라. 질량을 $m\,[\text{kg}]$, 스프링 상수를
$k\,[\text{N/m}]$로 하고 $t = 0$에서 자연 길이의 스프링 변위를 $x(0) = x_0$으로 한다. 또한,
이때 $x'(0) = 0$이다. 바닥면의 마찰은 무시한다.

해답 질량 $m\,[\text{kg}]$의 물체의 위치를 $x(t)\,[\text{m}]$로 하면 운동방정식은 질량 m에 발생하는
관성력과 훅의 법칙(Hooke's law)에 의한 스프링력 $kx(t)$와의 평형으로부터

$$m\frac{d^2x(t)}{dt^2} = -kx(t) \qquad\qquad\qquad\qquad ①$$

이 된다. ①식에서 $x(t)$는 스프링이 늘어나는 방향이 양수로 되어 있으므로 우변의 스프링에 의해 복귀되는 힘은 음수가 된다. 단, 이 부호는 누구에게나 애매한 부분이므로 우변을 이항하여

$$m\frac{d^2x(t)}{dt^2} + kx(t) = 0 \qquad ②$$

의 형태로 기억해 두는 것이 좋다.

그러므로 ②식의 해를 생각해 보기로 하자.

②식을 변형하여

$$\frac{d^2x(t)}{dt^2} + \frac{k}{m}x(t) = 0 \qquad ③$$

으로 하면, ③식은 상수 계수계이므로 연산자법으로 풀 수가 있다.

$$D^2 + \frac{k}{m} = 0 \text{에서 } D = \pm i\sqrt{\frac{k}{m}} \text{ 이다.}$$

여기서 $\omega_n = \sqrt{\frac{k}{m}}$ 로 놓으면

③식의 해는

$$x(t) = c_1 e^{i\omega_n t} + c_2 e^{-i\omega_n t}$$

이다. 초기 조건 $t = 0$에서 $x(0) = x_0$, $x'(0) = 0$을 사용하면

$$x(0) = c_1 + c_2 = x_0 \quad, \quad x'(0) = i\omega_n(c_1 - c_2) = 0$$

이므로

$$c_1 = c_2 = \frac{x_0}{2}$$

이다. 따라서

$$x(t) = \frac{x_0}{2}(e^{i\omega_n t} + e^{-i\omega_n t}) = x_0 \cos \omega_n t$$

이다. 이러한 진동 현상을 단진동이라고 한다. ω_n을 고유각 주파수라고 하며 고유주파수 f_n이란 $\omega_n = 2\pi f_n$의 관계에 있다. 또한, $e^{i\omega t}$의 미분은 실수 $e^{\alpha t}$과 마찬가지로 $i\omega e^{i\omega t}$으로 한다.

3-8 미분방정식의 수치해법

비선형 미분방정식은 형태가 매우 다양하여 실제로 연구나 업무에서 다루는 미분방정식은 해석적으로는 좀처럼 풀기가 쉽지 않다. 이러한 경우의 대책이 계산기를 이용한 수치해이다. 지금은 컴퓨터의 연산 능력이 놀랄 만큼 향상되었기 때문에 미분방정식을 푸는 것에 어려움이 거의 없다. 그러므로 우선 해석해와 수치해에 대하여 설명하기로 한다. 예를 들면

(3.37)식의 미분방정식

$$\frac{dy(t)}{dt} = t(y-1) \tag{3.37}$$

을 생각해 보자. 이것은 예제 3.6의 문제와 우변의 부호만 다르다. 그러나 변수분리형인 것은 같으므로 예제 3.6과 똑같이 풀어서 해는

$$y(t) = 1 + ce^{\frac{1}{2}t^2} \tag{3.38}$$

이 된다. 예제 3.6과는 e의 멱승의 부호가 달라질 뿐이다. (3.38)식이 얻어진 것을 '해석적으로 풀었다'고 하며 이 해를 해석해라고 한다.

이 해석해에 대해 수치해란 것은 독립변수 t의 값에 대해 대응하는 $y(t)$의 값을 수치로 표에 정리하여 기재한 것이다. t의 값을 주고 그때의 $y(t)$의 값을 구하는 계산을 하고, t의 값을 아주 작게 변화시키면서 반복계산을 하는 것이다. (3.38)식의 함수형은 얻을 수 없었으므로 (3.37)식만 사용하여 t의 값에 대응하는 $y(t)$의 값을 구해야 한다. 이 계산법은 요령이 필요하며 이 계산 방법을 수치 계산법이라고 한다. 이 경우 '미분방정식을 풀기 위한 수치 계산법'이 된다.

여기에서는 이 계산법으로 오일러방법(Euler method)과 룽게-쿠타방법(Runge-Kutta method)에 대해 설명하기로 한다. 그리고 해석해는 초기값을 주지 않아도 적분상수를 남긴 채 함수형을 얻을 수 있지만 수치해는 초기값을 주지 않으면 계산을 해나갈 수 없다. (3.37)식 외에 $t = t_0$일 때 $y(t_0) = y_0$와 같은 구체적인 초기값이 필요하다. 1차 미분방정식인 경우는 1개, 2차 미분방정식인 경우는 2개의 초기값이 필요하다. 이 초기값은 미분방정식의 초기 조건으로 결정된다.

우선, 오일러방법에 대하여 설명한다. 오일러방법은 미분방정식을 푸는 수치적분의 기본이며 이것은 미분의 정의에 대한 개념을 응용한 것으로 생각하면 된다. 미분의 정의식은

$$\frac{dy(t)}{dt} = \lim_{h \to o} \frac{y(t+h) - y(t)}{h} \tag{3.39}$$

이었다. 이제 $t = t_0$에서 유한한 시간 간격 Δt가 있다고 생각하면

$$y'(t_0) = \frac{y(t_0 + \Delta t) - y(t_0)}{\Delta t} \tag{3.40}$$

이다. 이 미분계수 $y'(t_0)$는 함수 $y(t)$의 $t = t_0$에서의 접선의 기울기를 나타내고 있다. 따라서

$$y(t_0 + \Delta t) = y(t_0) + y'(t_0)\Delta t \tag{3.41}$$

에서 $y(t_0 + \Delta t)$의 값을 구하는 것이 오일러방법이다.

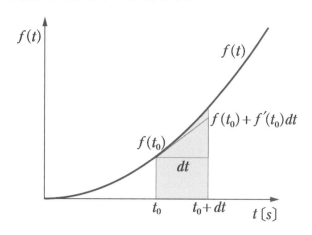

그림 3.3 오일러 방법

다음 스텝에서는 $t = t_0 + \Delta t$에서의 값 $y(t_0 + \Delta t)$를 초기값으로 하여 $t = t_0 + 2\Delta t$에서의 값 $y(t_0 + 2\Delta t)$을 구하는 것이다. Δt의 값을 아주 작게 잡으면 $y(t)$의 근사값을 수치해로 얻을 수 있다. 여기서 Δt는 시간 간격의 폭이다. 그러나 이 오일러방법은 확실히 정밀도가좋지 않을 것이다. (3.41)식은 함수 $y(t)$의 테일러 급수전개의 제2항까지의 근사식으로 되어있다. 정밀도를 좋게 하기 위해서는 $\triangle t$의 값을 아주 작게 잡는 수밖에 없다. 그 결과, 계산시간이 길어진다. 룽게–쿠타방법도 원리적으로는 오일러방법과 같다. 다만, 함수의 기울기$y'(t)$를 구할 때 약간의 요령이 있는 것이다. 1차(1계) 미분방정식은

$$\frac{dy(t)}{dt} = f(t, y) \tag{3.42}$$

라고 쓸 수 있다. 우변은 시간만의 함수가 아니고 일반적으로는 변수 y 자신도 포함되어 있다. 따라서 룽게–쿠타 방법에서는 4가지의 기울기를 가정한다. 일반적인 설명으로서 (t_n, y_n)을 초기값으로 하면

$$k_0 = f(t_n, y_n)$$

$$k_1 = f\left(t_n + \frac{1}{2}\Delta t,\ y_n + k_0 \frac{1}{2}\Delta t\right)$$

$$k_2 = f\left(t_n + \frac{1}{2}\Delta t,\ y_n + k_1 \frac{1}{2}\Delta t\right)$$

$$k_3 = f(t_n + \Delta t,\ y_n + k_2 \Delta t) \tag{3.43}$$

이다. 이 4개의 점에서의 기울기 값 k_0에서 k_3에 의해

$$k = \frac{k_0 + 2k_1 + 2k_2 + k_3}{6} \tag{3.44}$$

를 구하고 이 k의 값을 $(t_n,\ y_n)$에서의 기울기로 하여 오일러방법에 의해

$$y(t_{n+1}) = y(t_n) + k\Delta t \tag{3.45}$$

에서 $y(t)$의 값을 갱신하는 것이 4차 룽게–쿠타방법이다. 룽게–쿠타방법에는 2차도 있지만 실제로 사용되는 것은 4차 룽게–쿠타방법이다. 이 설명만으로는 이해가 어려우므로 다음 예제를 통해 사용법을 익히기로 하자.

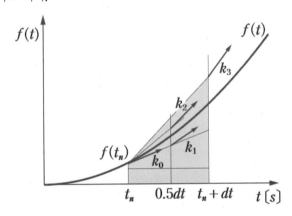

그림 3.4 룽게–쿠타 방법

예제 3.26

미분방정식 $\dfrac{dy}{dt} = t(y-1)$를 $t=0$일 때 $y=2$라는 초기 조건 하에서 해를 구하여라. 또한 Excel VBA에 의한 수치해를 오일러방법 및 4차 룽게–쿠타방법으로 구하여라.

해답 이 예는 예제 3.6과 우변의 부호만 다른 변수분리형으로 해석해는 $y(t) = 1 + ce^{\frac{1}{2}t^2}$이다. 여기서 초기 조건 $t=0$, $y=2$를 대입하면 $c=1$이므로 해석해는 $y(t) = 1 + e^{\frac{1}{2}t^2}$

이 된다.

이 해석해에 대해 오일러방법 및 4차 룽게–쿠타방법에 의한 수치 계산 결과와 프로그램의 예를 나타낸다. 해석해와 룽게–쿠타방법이 거의 일치하여 그래 프상에서는 차이를 알 수가 없 다. 오일러방법은 점점 오차가 커지고 있다.

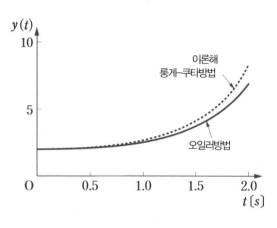

	A	B	C	D	E	F	G	H
1			예제 3.26 미분방정식의 수치해법					
2								
3		dy/dt =t(y−1)						
4		해석해 : y=1=exp(t^2/2)						
5								
6		계산시간	2					
7		계산 간격 폭	0.1					
8								
9			오일러 방법에 의함		4차Runge–Kutta법		해석해	
10		시각	dy/dt	y	dy/dt	y	y	
11		0.0	0.00	2.00	0.05	2.00	2.00	
12		0.1	0.10	2.00	0.15	2.01	2.01	
13		0.2	0.20	2.01	0.26	2.02	2.02	
14		0.3	0.31	2.03	0.37	2.05	2.05	
15		0.4	0.42	2.06	0.50	2.08	2.08	
16		0.5	0.55	2.10	0.64	2.13	2.13	
17		0.6	0.70	2.16	0.80	2.20	2.20	
18		0.7	0.86	2.23	1.00	2.28	2.28	
19		0.8	1.05	2.31	1.22	2.38	2.38	

예 예제 3.26의 Excel VBA 프로그램

```
Sub 수치 적분( )

Range("A11").Select
tend=Range("C6") '계산 종료 시간
delt=Range("C7") '시간 간격 폭
steps=tend/delt+1 '반복 연산 횟수

t=0 '계산 시작 시간
```

```
y0=2 'y의 초기값
ye=y0 'Euler방법 초기값의 설정
yr=y0 'RK 4차법 초기값의 설정
For i=1 To steps

Riron=1+Exp(1/2*t^2)
ActiveCell.Offset(i-1, 6).Value=Riron

Call Euler(t, delt, ye, dye, yenew)
ActiveCell.Offset(i-1, 1).Value=t
ActiveCell.Offset(i-1, 2).Value=dye
ActiveCell.Offset(i-1, 3).Value=ye

Call RK4(t, delt, yr, dyr, yrnew)
ActiveCell.Offset(i-1, 4).Value=dyr
ActiveCell.Offset(i-1, 5).Value=yr

t=t+delt
ye=yenew
yr=yrnew

Next i

End Sub
'++++++++++++++++++++++++++++++++++++

Sub Euler(t, dt, ye, dye, yenew)

dye=yedot(t, ye)
yenew=ye+dye*dt

End Sub
```

```
'+++++++++++++++++++++++++++++++
Sub RK4(t, dt, yr, dyr, yrnew)
k0=yrdot(t, yr)
k1=yrdot(t+dt/2, yr+k0*dt/2)
k2=yrdot(t+dt/2, yr+k1*dt/2)
k3=yrdot(t+dt, yr+k2*dt)

dyr=(k0+2*k1+2*k2+k3)/6
yrnew=yr+dyr*dt

End Sub
'+++++++++++++++++++++++++++++++

Function yedot(t, ye)

yedot=t*(ye-1)

End Function
'++++++++++++End of File++++++++++++

Function yrdot(t, yr)

yrdot=t*(yr-1)

End Function
'++++++++++++End of File++++++++++++
```

프로그램 설명

1. sub 수치 적분 (   )

프로그램의 명칭. Excel VBA에서의 프로그램은 모두 처음에 Sub가 붙고 마지막에 ( )를 붙인다.

2. Range ("A11"). Select

Excel 시트상에서 A11 셀을 기점으로 지정한다. 나중에 나오는 출력 커맨드 ActiveCell. Offset와 연동하여 시트상의 출력 위치를 정한다.

3. tend=Range("B6")

Excel 시트상의 B6 셀에 입력되어 있는 데이터를 불러 들여 tend로 한다.

4. For i=1 to steps

반복 연산 루프. Next i까지의 계산을 반복한다.

5. ActiveCell. Offset(i−1, 0). value=t

변수 t의 값을 셀의 (i−1, 0)에 출력한다. i=1일 때는 (0, 0)이 되고 이 위치가 Range ("A11").Select에 의해 A11이 된다. i=2일 때는 A12에 출력된다.

6. ActiveCell. Offset(i−1, 1). value=dye

변수 dye의 값을 셀의 (i−1, 1)에 출력한다. i=1일 때는 (0, 1)이 되고 이 위치는 셀의 B11 이 된다. 셀의 지정은 (행, 열)이며 0열이 A, 1열은 B, 2열은 C ⋯ 이다.

7. Call Euler (t, delt, ye, dye, yenew)

Euler라는 이름의 서브루틴으로 가서 계산을 실행하고 그 결과를 가지고 돌아온다. ( ) 안이 인수라고 하며 메인 프로그램에서 서브루틴으로 가지고 가는 변수 및 서브루틴에서의 계산 결과를 가지고 돌아오는 변수명이 들어 있다. 이 예에서는, t, delt, ye의 값을 메인에서 가지고 가서 dye와 yenew를 서브루틴에서 계산하여 가지고 돌아온다. 오일러방법에서 수치 적분을 하는 서브루틴이다.

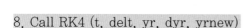

8. Call RK4 (t, delt, yr, dyr, yrnew)

  4차 룽게-쿠타방법으로 수치 적분을 하는 서브루틴이다.

9. End Sub

  메인 프로그램의 종료이다.

10. Sub Euler (t, delt, ye, dye, yenew)

  서브루틴은 메인 프로그램에 계속해서 작성한다. ( ) 안의 인수는 Call Sub의 인수와 대응하고 있다. 변수의 순서를 바꾸거나 변수의 수를 다르게 해서는 안 된다.

11. dye=yedot (t, ye)

  yedot라는 이름의 함수로 (t, ye)일 때의 값을 계산하여 dye로 한다. 함수는 서브루틴의 다음에 연결한다.

12. End Sub

  서브루틴의 끝도 End Sub이다.

13. Function yedot(t, ye)

  yedot라는 이름의 함수의 정의이다.

14. End Function

  Function의 끝이다.

예제 3.27

  예제 3.24를 Excel VBA로 풀어라. 또한, 공기 저항 $D\,[\mathrm{N}]$를

$$D = \frac{1}{2}\rho v^2 C_D S$$

로 하여라. 단, 공기 밀도 $\rho = 1.226\,[\mathrm{kg/m^3}]$, 공기 항력계수 $C_D = 0.3\,[-]$, 기준 단면적 $S = 0.006\,[\mathrm{m^2}]$으로 한다. $v\,[\mathrm{m/s}]$는 로켓의 비행 속도이다.

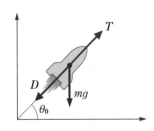

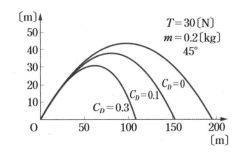

해답 운동방정식은

$$\frac{d^2x(t)}{dt^2} = \frac{(T-D)}{m}\cos\theta$$

$$\frac{d^2z(t)}{dt^2} = \frac{(T-D)}{m}\sin\theta - g$$

이다.

4차의 룽게-쿠타방법에 의한 수치 계산 결과를 그림에 나타내었다.

공기 항력계수 C_D의 값에 따라 비상 거리가 크게 달라지는데, 페트병 로켓의 경우는, 공기 항력계수를 $C_D = 0.3$ 정도로 생각하면 된다.

Excel 시트를 그림으로 표시하였다.

	A	B	C	D	E	F	G	H
1			예제 3.27 로켓					
2								
3		질량	0.2	[kg]	공기 밀도	1.226	[kg/m3]	
4		추력	30	[N]	항력계수	0	[-]	
5		발사각	45	[deg]	기준 단면적	0.006	[m2]	
6		계산 종료 시간	10					
7		계산 간격 폭	0.01					

Excel 프로그램은 다음과 같다.

```
Public mmm, ggg, Thrust, Theta, rou, CD0, sss, Drag
Sub 로켓( )
mmm=Range("C3")   '질량 [kg]
Thrust=Range("C4")   '추력 [N]
Theta0=Range("C5")   '발사각 [deg]
tend=Range("C6")   '계산 종료 시간
```

```
dt=Range("C7")  '계산 간격 폭

rou=Range("F3")  '공기 밀도
CD0=Range("F4")  '항력계수
sss=Range("F5")  '기준 단면적

tst=0  '계산 시작 시간
pai=3.141592  '원주율
ggg=9.8  '중력가속도
Theta=Theta0/180*pai  'deg to radian

x0=0  'x의 초기값
z0=0  'z의 초기값
vx0=0  'vx의 초기값
vz0=0  'vz의 초기값
Drag=0  'Drag의 초기값

steps=tend/dt+1

'계산 시작
t=tst
xx=x0  '변수 xx에 초기값을 대입한다
zz=z0  '변수 zz에 초기값을 대입한다
vx=vx0 '변수 vx에 초기값을 대입한다
vz=vz0 '변수 vz에 초기값을 대입한다
vv=Sqr(vx^2+vz^2)

Range("B11"). Select '데이터 저장 선두 위치 지정

For i=1 To steps

IF(t >=0.3)Then Thrust=0
```

```
Call Rk4x(t, dt, xx, vx, dxx, dvx, xxnew, vxnew)
Call Rk4z(t, dt, zz, vz, dzz, dvz, zznew, vznew)

ActiveCell. Offset(i-1, 0). Value=t
ActiveCell. Offset(i-1, 1). Value=xx
ActiveCell. Offset(i-1, 2). Value=zz
ActiveCell. Offset(i-1, 3). Value=vx
ActiveCell. Offset(i-1, 4). Value=vz

t=t+dt
xx=xxnew
zz=zznew
vx=vxnew
vz=vznew

vv=Sqr(vx^2+vz^2)
Drag=rou*vv^2*CD0*sss/2

If(zz < 0) Then i=steps

Next i

End Sub
'+++++++++++++++++++++++++++++++++++
Sub Rk4x(t, dt, xx, vx, dxx, dvx, xxnew, vxnew)

dvx1=vxdot(t, xx, vx)
dxx1=xxdot(t, xx, vx)
dvx2=vxdot(t+dt/2, xx+dxx1*dt/2, vx+dvx1*dt/2)
dxx2=xxdot(t+dt/2, xx+dxx1*dt/2, vx+dvx1*dt/2)
dvx3=vxdot(t+dt/2, xx+dxx2*dt/2, vx+dvx2*dt/2)
```

```
        dxx3=xxdot(t+dt/2, xx+dxx2*dt/2, vx+dvx2*dt/2)
        dvx4=vxdot(t+dt, xx+dxx3*dt, vx+dvx3*dt)
        dxx4=xxdot(t+dt, xx+dxx3*dt, vx+dvx3*dt)


        dvx=(dvx1+2*(dvx2+dvx3)+dvx4)/6
        dxx=(dxx1+2*(dxx2+dxx3)+dxx4)/6


        vxnew=vx+dvx*dt
        xxnew=xx+dxx*dt


End Sub
'+++++++++++++++++++++++++++++++
Function vxdot(t, xx, vx)


        vxdot=(Thrust-Drag)*Cos(Theta)/mmm


End Function
'+++++++++++++++++++++++++++++++
Function xxdot(t, xx, vx)


        xxdot=vx


End Function
'+++++++++++++End of File+++++++++++
Sub Rk4z(t, dt, zz, vz, dzz, dvz, zznew, vznew)



        dvz1=vzdot(t, zz, vz)
        dzz1=zzdot(t, zz, vz)
        dvz2=vzdot(t+dt/2, zz+dzz1*dt/2, vz+dvz1*dt/2)
        dzz2=zzdot(t+dt/2, zz+dzz1*dt/2, vz+dvz1*dt/2)
```

```
dvz3=vzdot(t+dt/2, zz+dzz2*dt/2, vz+dvz2*dt/2)
dzz3=zzdot(t+dt/2, zz+dzz2*dt/2, vz+dvz2*dt/2)
dvz4=vzdot(t+dt, zz+dzz3*dt, vz+dvz3*dt)
dzz4=zzdot(t+dt, zz+dzz3*dt, vz+dvz3*dt)

dvz=(dvz1+2*(dvz2+dvz3)+dvz4)/6
dzz=(dzz1+2*(dzz2+dzz3)+dzz4)/6

vznew=vz+dvz*dt
zznew=zz+dzz*dt

End Sub
'+++++++++++++++++++++++++++++++
Function vzdot(t, zz, vz)

vzdot=(Thrust-Drag)*Sin(Theta)/mmm-ggg

End Function
'+++++++++++++++++++++++++++++++
Function zzdot(t, zz, vz)

zzdot=vz

End Function
'+++++++++++End of File+++++++++++
```

프로그램 설명

1. Public

Public은 FORTRAN 언어로 말하면 common이다. 여기서 지정한 변수는 메인 프로그램, 서브루틴, 함수의 어디에도 공통으로 사용할 수 있다. 메인 프로그램에서 엑셀 시트로부터 데이터를 불러오고 그 변수를 서브루틴이나 함수에서 사용할 경우, Public에 지정을 해야 한다. 서브루틴이나 함수의 인수로 넘겨줄 경우에는 그렇게 할 필요가 없다. Public은 프로그램명에 선행해서 지정한다.

2. If(t >= 0.3) Then Thrust= 0

조건문에서 t≧0.3로 되어 있으면 추력을 0으로 한다. 추력은 시트에서 불러와서 초기값으로 주어져 있으므로 $0 < t < 0.3$ 초 사이에 추력이 작용하게 된다. 이것은 페트병 로켓인 경우, 물 분출이 종료되는 것에 해당한다.

3. 6Call Rk4x(t, dt, xx, vx, dxx, dvx, xxnew, vxnew)

Call Rk4z(t, dt, zz, vz, dzz, dvz, zznew, vznew)

룽게-쿠타방법에서 미분방정식을 푸는 서브루틴이다. 풀어야 할 미분방정식은 예제 3.24의 ③식, ④식에 공기 항력 D를 부가한,

$$\frac{d^2x(t)}{dt^2} = \frac{(T-D)}{m}\cos\theta$$
$$\frac{d^2z(t)}{dt^2} = \frac{(T-D)}{m}\sin\theta - g$$

이다. 이 2개의 2차 미분방정식은 각각 따로 풀기로 한다. 해법은 동일하므로 X축에 관한 미분방정식으로 설명한다. 룽게-쿠타방법은 1차 미분방정식의 해법이므로 2차인 경우에는 연립 1차 미분방정식으로 고쳐 쓸 필요가 있다. 따라서,

$$\frac{dx(t)}{dt} = v(t)$$

라는 새로운 변수 $v(t)$를 도입하면

$$\frac{dv(t)}{dt} = \frac{d^2x(t)}{dt^2} = \frac{(T-D)}{m}\cos\theta$$

이다. 따라서 변수 $x(t)$, $v(t)$에 대하여

$$\frac{dx(t)}{dt} = v(t)$$

$$\frac{dv(t)}{dt} = \frac{(T-D)}{m} \cos\theta$$

를 연립하여 풀면 된다. 구체적인 프로그램은 프로그램 시트를 참조하기 바란다. 그리고, $v(t)$의 물리적인 의미는 X축 방향의 속도이다.

4. ActiveCell. Offset(i-1, 1). Value=xx

커맨드의 의미는 변수 xx의 출력으로 예 3.26의 설명과 동일하다. 여기서 중요한 것은 이미

        Call Rk4x(t, dt, xx, vx, dxx, dvx, xxnew, vxnew)

가 실행되고 있으므로 xxnew에는 새로운 x좌표가 계산되어 있다. 그러나

        xx=xxnew

는 아직 실행되고 있지 않으므로 xx의 값은 이전의 값을 유지하고 있다. 따라서, Excel 시트에 인쇄되는 첫 행은 $t = 0$일 때의 데이터이다.

5. If (zz ⟨0) Then i=steps

고도 zz가 음수가 되면 지상으로 낙하한 것이므로 i의 반복 계산 루프에서 강제로 이탈시키는 조치이다. zz가 처음 음수가 되었을 때, 이 커맨드에 의해 카운터 i는 최종값 steps가 되므로 i루프는 종료된다. 따라서 zz가 음수가 된 시점에 프로그램이 종료되는 것이다.

1. $y = c_1 e^{-2t} + c_2 e^{3t}$는 임의의 c_1, c_2의 값에 대해

$$\frac{d^2 y(t)}{dt^2} - \frac{dy(t)}{dt} - 6y(t) = 0$$

의 해임을 증명하여라.

2. $dx - y^2 dx + xy dy = 0$을 풀어라. 또한, 이 문제에서는 독립변수를 x로 한다.

3. 다음의 미분방정식을 풀어라.

$$\frac{d^2 y(t)}{dt^2} + 5\frac{dy(t)}{dt} + 6y(t) = 3e^{-2t} + e^{3t}$$

4. 질량이 $m\,[\mathrm{kg}]$인 물체의 자유낙하 운동을 풀어라. 단, 공기 항력은 낙하 속도에 비례하는 것으로 하고 비례 계수를 $a\,[\mathrm{Ns/m}]$로 한다.

5. $e_i(t)$를 입력 전압으로 하였을 때의 콘덴서에 걸리는 전압 $e_o(t)$를 구하여라. (단, $R = 10\,[\Omega]$, $C = 0.1\,[\mathrm{F}]$로 하고 $e_i(t)$는 그림과 같다고 한다.)

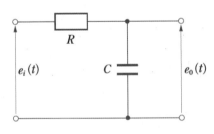
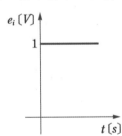

제4장 선형대수 ≫

4-1 행렬과 벡터

$m \times n$개의 수 $a_{ij}(i = 1 \cdots m, j = 1 \cdots n)$를 (4.1)식과 같이 사각형으로 배열한 표현을 행렬(Matrix)이라고 한다.

$$\begin{bmatrix} a_{11} & a_{12} & \cdots & a_{1n} \\ a_{21} & a_{22} & \cdots & a_{2n} \\ \vdots & \vdots & & \vdots \\ a_{m1} & a_{m2} & \cdots & a_{mn} \end{bmatrix} \tag{4.1}$$

이 행렬을 간단하게 $[a_{ij}]$로 표현하기도 한다. 또한, 기호 한 개를 사용하여 $\boldsymbol{A}$라고 하거나 $\boldsymbol{A} = [a_{ij}]$라고 나타내는 경우도 있다. a_{ij}를 행렬 $\boldsymbol{A}$의 요소라 하고, 가로를 행, 세로를 열이라고 부른다. a_{ij}는 행렬 $\boldsymbol{A}$의 제i행 j열의 요소라는 의미이다. (4.1)식은 m행 n열의 행렬이며 $m \times n$ 행렬이라고 한다. $m = n$인 경우를 정방행렬이라고 하고 n을 정방행렬의 차수라고 한다.

행 또는 열의 수가 1인 행렬을 벡터라고 한다. 1행으로만 되는 $1 \times n$ 행렬을 n차행 벡터, 1열로만 되는 $m \times 1$행렬을 m차열 벡터라고 한다. 벡터인 경우, 각 요소를 성분이라고 부르며 성분이 모두 실수인 m차 벡터의 집합을 행벡터·열벡터의 구별 없이 R^m으로 표시하기도 한다. 이 장에서 벡터는 소문자로 표시하고, 행렬은 대문자로 표시하기로 한다.

행렬 $\boldsymbol{A} = [a_{ij}]$, $\boldsymbol{B} = [b_{ij}]$, $\boldsymbol{C} = [c_{ij}]$에 대하여 아래와 같은 연산이 정의되어 있다.

1 행렬과 스칼라의 곱

$$\alpha \boldsymbol{A} = [\alpha a_{ij}] \tag{4.2}$$

2 행렬의 합(차)

$$\boldsymbol{A} \pm \boldsymbol{B} = [a_{ij} \pm b_{ij}] \tag{4.3}$$

행렬의 합(차)은 행의 수와 열의 수가 같은 행렬끼리 만으로 정의된다.

3 행렬의 곱

$$\boldsymbol{AB} = \left[\sum_{k=1}^{n} a_{ik} b_{kj} \right] \tag{4.4}$$

행렬의 곱은 $m \times n$ 행렬과 $n \times r$ 행렬에 대해 정의되고 결과는 $m \times r$ 행렬이 된다.
행렬의 곱에 관하여 아래의 식이 성립한다.

결합의 법칙 $A(BC) = (AB)C$ (4.5)

분배의 법칙 $A(B+C) = AB + AC$ (4.6)

4 정방행렬과 벡터의 곱

$$y = Ax \tag{4.7}$$

$n \times n$ 행렬 A와 $n \times 1$ 열 벡터 x의 곱은 같은 차원의 $n \times 1$ 열 y 벡터가 된다.

$$y = \begin{bmatrix} a_{11} & a_{12} & \cdots & a_{1n} \\ a_{21} & a_{22} & \cdots & a_{2n} \\ \vdots & \vdots & & \vdots \\ a_{n1} & a_{n2} & \cdots & a_{nn} \end{bmatrix} \begin{bmatrix} x_1 \\ x_2 \\ \vdots \\ x_n \end{bmatrix} = \begin{bmatrix} y_1 \\ y_2 \\ \vdots \\ y_n \end{bmatrix} \quad y_i = \sum_{j=1}^{n} a_{ij} x_j \tag{4.8}$$

5 벡터와 벡터의 곱

2개의 벡터 x, y

$$x = \begin{bmatrix} x_1 \\ x_2 \\ \vdots \\ x_n \end{bmatrix} \quad y = \begin{bmatrix} y_1 \\ y_2 \\ \vdots \\ y_n \end{bmatrix} \text{ 일 때 } x^T y = \begin{bmatrix} x_1 x_2 \cdots x_n \end{bmatrix} \begin{bmatrix} y_1 \\ y_2 \\ \vdots \\ y_n \end{bmatrix} = \sum_{i=1}^{n} x_i y_j \tag{4.9}$$

를 벡터 x와 y의 내적이라고 한다. 여기서 x^T은 열벡터에서 행벡터로의 변환을 의미하고 있으며 전치(Tranpose)라고 한다. (4.9)식의 내적이 0일 때 벡터 x와 y는 직교 (Orthogonal)라고 한다. 행벡터와 열벡터의 곱은 스칼라가 된다. 또한,

$$xy^T = \begin{bmatrix} x_1 \\ x_2 \\ \vdots \\ x_n \end{bmatrix} \begin{bmatrix} y_1 & y_2 & \cdots & y_n \end{bmatrix} = \begin{bmatrix} x_1 y_1 & x_1 y_2 & \cdots\cdots & x_1 y_n \\ x_2 y_1 & x_2 y_2 & \cdots\cdots & x_2 y_n \\ \vdots & \vdots & & \vdots \\ x_n y_1 & x_n y_2 & \cdots\cdots & x_n y_n \end{bmatrix} \tag{4.10}$$

이며, 열벡터와 행벡터의 곱은 행렬이 된다. 또한, 벡터 x에 대하여

$$\| x \| = \sqrt{x_1^2 + x_2^2 + \cdots\cdots + x_n^2} \tag{4.11}$$

을 벡터 x의 놈(norm)이라고 한다.

다음 행렬의 α배를 구하여라.

$$A = \begin{bmatrix} 1 & 2 \\ 3 & 4 \end{bmatrix}$$

해답

$$\alpha \boldsymbol{A} = \begin{bmatrix} \alpha & 2\alpha \\ 3\alpha & 4\alpha \end{bmatrix}$$

다음 행렬의 합을 구하여라.

$$A = \begin{bmatrix} 1 & 2 & 3 \\ 4 & 5 & 6 \end{bmatrix}, \ B = \begin{bmatrix} -3 & 2 & 1 \\ 6 & 5 & -4 \end{bmatrix}$$

해답

$$\boldsymbol{A} + \boldsymbol{B} = \begin{bmatrix} 1-3 & 2+2 & 3+1 \\ 4+6 & 5+5 & 6-4 \end{bmatrix} = \begin{bmatrix} -2 & 4 & 4 \\ 10 & 10 & 2 \end{bmatrix}$$

다음 2개의 행렬의 곱 AB 및 BA를 구하여라.

$$A = \begin{bmatrix} 1 & 2 & 3 \\ 3 & 2 & 1 \end{bmatrix}, \ B = \begin{bmatrix} -2 & 1 \\ 1 & -1 \\ 1 & 2 \end{bmatrix}$$

해답

$$\boldsymbol{AB} = \begin{bmatrix} 1\times(-2)+2\times1+3\times1 & 1\times1+2\times(-1)+3\times2 \\ 3\times(-2)+2\times1+1\times1 & 3\times1+2\times(-1)+1\times2 \end{bmatrix} = \begin{bmatrix} 3 & 5 \\ -3 & 3 \end{bmatrix}$$

$$\boldsymbol{BA} = \begin{bmatrix} (-2)\times1+1\times3 & (-2)\times2+1\times2 & (-2)\times3+1\times1 \\ 1\times1+(-1)\times3 & 1\times2+(-1)\times2 & 1\times3+(-1)\times1 \\ 1\times1+2\times3 & 1\times2+2\times2 & 1\times3+2\times1 \end{bmatrix}$$

$$= \begin{bmatrix} 1 & -2 & -5 \\ -2 & 0 & 2 \\ 7 & 6 & 5 \end{bmatrix}$$

즉, 행렬의 곱인 경우 $\boldsymbol{AB} \neq \boldsymbol{BA}$이다. $\boldsymbol{A}$, $\boldsymbol{B}$가 함께 정방행렬인 경우라도 일반적으로 $\boldsymbol{AB} \neq \boldsymbol{BA}$이다.

$\boldsymbol{AB} = \boldsymbol{BA}$가 성립하는 경우, 행렬 $\boldsymbol{A}$와 행렬 $\boldsymbol{B}$는 교환이 가능하다고 말한다.

예제 4.4

다음의 연립 일차방정식을 행렬과 벡터를 이용하여 표현하여라.

$$y_1 = a_{11}x_1 + a_{12}x_2 + \cdots\cdots + a_{1n}x_n \qquad (4.12)$$

$$y_2 = a_{21}x_1 + a_{22}x_2 + \cdots\cdots + a_{2n}x_n$$

$$\vdots$$

$$y_n = a_{n1}x_1 + a_{n2}x_2 + \cdots\cdots + a_{nn}x_n$$

해답 행벡터 y 및 x를 다음과 같이 놓으면 (4.12)식은

$$y = \begin{bmatrix} y_1 \\ y_2 \\ \vdots \\ y_n \end{bmatrix}, \quad x = \begin{bmatrix} x_1 \\ x_2 \\ \vdots \\ x_n \end{bmatrix}, \quad \begin{bmatrix} y_1 \\ y_2 \\ \vdots \\ y_n \end{bmatrix} = \begin{bmatrix} a_{11} & a_{12} & \cdots & a_{1n} \\ a_{21} & a_{22} & \cdots & a_{2n} \\ \vdots & \vdots & & \vdots \\ a_{n1} & a_{n2} & \cdots & a_{nn} \end{bmatrix} \begin{bmatrix} x_1 \\ x_2 \\ \vdots \\ x_n \end{bmatrix} \qquad (4.13)$$

으로 표현할 수 있다. (4.13)식은 행렬의 부분을 A로 나타내면

$$y = Ax \qquad (4.14)$$

이다. (4.14)식은 벡터 x를 벡터 y로 변환하는 1차 변환으로 파악할 수도 있다. 이때 행렬 A를 1차 변환 행렬이라고 한다.

예제 4.5

3차원 직교 좌표계의 단위벡터 i, j, k는 서로 직교하고 있음을 확인하여라.

해답 좌표(x, y, z)에서 표현되는 3차원 직교 좌표계의 단위벡터 i, j, k는

$$i = \begin{bmatrix} 1 \\ 0 \\ 0 \end{bmatrix}, \quad j = \begin{bmatrix} 0 \\ 1 \\ 0 \end{bmatrix}, \quad k = \begin{bmatrix} 0 \\ 0 \\ 1 \end{bmatrix}$$

로 표현된다. 어느 쪽이든 2개는 (4.9)식이 0이 되고, 이들 3개의 벡터는 서로 직교하고 있다.

정방행렬에서 대각 요소 a_{ii} 이외의 요소가 모두 0인 경우,

$$A = \begin{bmatrix} a_{11} & 0 & \cdots\cdots & 0 \\ 0 & a_{22} & 0\cdots\cdots & 0 \\ \vdots & & \ddots & \vdots \\ 0 & 0 & \cdots\cdots & a_{nn} \end{bmatrix} \qquad (4.15)$$

(4.15)식을 대각행렬(Diagonal Matrix)라고 하며 $\mathrm{diag}\,[a_{11}\ a_{22}\ \cdots\ a_{nn}]$이라고 표기한다. 또한, 대각 요소를 전부 더하는 것을 트레이스(trace)라고 하고 $\mathrm{Tr}\,(\boldsymbol{A})$로 표기한다. 즉,

$$\mathrm{Tr}\,(\boldsymbol{A}) = \sum_{i=1}^{n} a_{ii} \tag{4.16}$$

이다. 트레이스의 정의는 대각행렬에 국한되는 것이 아니고 일반적인 정방행렬에 대해서도 정의된다. 대각행렬에서 대각 요소가 모두 1인 경우, 즉,

$$\boldsymbol{I} = \begin{bmatrix} 1 & 0 & \cdots\cdots\cdots & 0 \\ 0 & 1 & 0 \cdots\cdots & 0 \\ \vdots & & \ddots & \vdots \\ 0 & 0 & \cdots\cdots\cdots & 1 \end{bmatrix} \tag{4.17}$$

을 단위행렬(Identity Matrix)이라고 하고 $\boldsymbol{I}$로 표기한다($\boldsymbol{E}$로 표기하는 문헌도 있음).

임의의 정방행렬 A에 대해

$$\boldsymbol{IA} = \boldsymbol{AI} = \boldsymbol{A} \tag{4.18}$$

가 성립한다. 또한, 모든 요소가 0인 행렬은 영행렬(Null Matrix)라고 한다.

다음에 (4.1)식의 행렬 $\boldsymbol{A}$에 대해 행과 열을 서로 바꾼 행렬, 즉 $\boldsymbol{A}$의 $(i,\,j)$ 요소를 $(j,\,i)$ 요소로 하는 $n \times m$ 행렬,

$$\begin{bmatrix} a_{11} & a_{21} & \cdots\cdots & a_{m1} \\ a_{12} & a_{22} & \cdots\cdots & a_{m2} \\ \vdots & \vdots & & \vdots \\ a_{1n} & a_{2n} & \cdots\cdots & a_{mn} \end{bmatrix} \tag{4.19}$$

을 행렬 $\boldsymbol{A}$의 전치행렬(Transpose Matrix)이라고 하고 $\boldsymbol{A}^{T}$으로 표시한다.

임의의 행렬 $\boldsymbol{A}$, $\boldsymbol{B}$에 대해

$$(\boldsymbol{AB})^{T} = \boldsymbol{B}^{T}\boldsymbol{A}^{T} \tag{4.20}$$

이 성립한다.(예제 4.6) 또한,

$$\boldsymbol{A}^{T} = \boldsymbol{A} \tag{4.21}$$

를 만족하는 행렬 A를 대칭행렬(Symmetric Matrix)이라고 한다. 대칭행렬은 정방행렬의 경우에만 정의된다.

$$\boldsymbol{A}^{T} = -\boldsymbol{A} \tag{4.22}$$

가 성립하는 행렬 $\boldsymbol{A}$는 교대행렬(Alternate Matrix)이라고 한다. 왜대칭행렬이라고도 한다. 교대행렬의 경우,

$$a_{ij} = -a_{ji} \tag{4.23}$$

가 되고, 대각 요소는 모두 0이다.

예제 4.6

예제 4.3의 행렬 A, B에 대하여 (4.20)식을 확인하여라.

해답 예제 4.3에서 $AB = \begin{bmatrix} 3 & 5 \\ -3 & 3 \end{bmatrix}$에 따라 $(AB)^T = \begin{bmatrix} 3 & -3 \\ 5 & 3 \end{bmatrix}$이다. 또한,

$$A = \begin{bmatrix} 1 & 2 & 3 \\ 3 & 2 & 1 \end{bmatrix}, B = \begin{bmatrix} -2 & 1 \\ 1 & -1 \\ 1 & 2 \end{bmatrix}$$에 따라 $A^T = \begin{bmatrix} 1 & 3 \\ 2 & 2 \\ 3 & 1 \end{bmatrix}$, $B^T = \begin{bmatrix} -2 & 1 & 1 \\ 1 & -1 & 2 \end{bmatrix}$

이고 따라서

$$B^T A^T = \begin{bmatrix} -2 & 1 & 1 \\ 1 & -1 & 2 \end{bmatrix} \begin{bmatrix} 1 & 3 \\ 2 & 2 \\ 3 & 1 \end{bmatrix} = \begin{bmatrix} 3 & -3 \\ 5 & 3 \end{bmatrix} = (AB)^T$$

이다.

4-2 행렬식

n차의 정방행렬 $A = [a_{ij}]$에 대해

$$\det A = |A| = \sum_{j=1}^{n} a_{ij} C_{ij} \quad (\text{행 전개 : } i\text{는 임의의 행에 고정}) \tag{4.24}$$

$$\det A = |A| = \sum_{i=1}^{n} a_{ij} C_{ij} \quad (\text{열 전개 : } j\text{는 임의의 열에 고정}) \tag{4.25}$$

를 A의 행렬식(Determinant)이라고 하고 $\det A$ 또는 $|A|$로 표시한다. 여기서 C_{ij}는 a_{ij}의 여인자(Cofactor)라고 하며

$$C_{ij} = (-1)^{i+j} |M_{ij}| \tag{4.26}$$

이다. 여기서 $|M_{ij}|$는 n차 행렬 A에서 제i행, 제j열을 제외한 $(n-1)$차의 소행렬 M_{ij}의 행렬식이다.

다음은 행렬식에 관한 주요 성질이다.

① 전치행렬에서도 행렬식은 변하지 않는다.

$$|A^T| = |A| \tag{4.27}$$

② 임의의 2개 행(또는 열)을 서로 바꾸면 행렬식은 부호만 바뀐다.

③ 2개 행(또는 열)이 동일한 행렬식은 0이다.

④ 한 개의 행(또는 열)의 요소를 전부 a배 하면 행렬식도 a배가 된다.

⑤ 행렬식의 한 개의 행이 2개의 수의 합이면 행렬식은 합을 분해한 2개의 행렬식의 합이다.

$$\begin{vmatrix} a_{11}+b_{11} & a_{12}+b_{12} & \cdots\cdots & a_{1n}+b_{1n} \\ a_{21} & a_{22} & \cdots\cdots & a_{2n} \\ \vdots & \vdots & \cdots\cdots & \vdots \\ a_{n1} & a_{n2} & \cdots\cdots & a_{nn} \end{vmatrix} = \begin{vmatrix} a_{11} & a_{12} & \cdots & a_{1n} \\ a_{21} & a_{22} & \cdots & a_{2n} \\ \vdots & \vdots & \vdots \\ a_{n1} & a_{n2} & \cdots & a_{nn} \end{vmatrix} + \begin{vmatrix} b_{11} & b_{12} & \cdots & b_{1n} \\ a_{21} & a_{22} & \cdots & a_{2n} \\ \vdots & \vdots & \vdots \\ a_{n1} & a_{n2} & \cdots & a_{nn} \end{vmatrix}$$

$$(4.28)$$

⑥ 행렬 A와 행렬 B에 대해 곱의 행렬식은 행렬식의 곱이다. 즉,

$$|AB| = |A||B| \tag{4.29}$$

예제 4.7

다음의 정방행렬에 대하여 (4.24)식, (4.25)식에 의한 행렬식의 값을 구하여라.

$$A = \begin{bmatrix} a_{11} & a_{12} & a_{13} \\ a_{21} & a_{22} & a_{23} \\ a_{31} & a_{32} & a_{33} \end{bmatrix}$$

해답 제1열에 대해 전개하면,

$$|A| = a_{11}(-1)^{1+1}\begin{vmatrix} a_{22} & a_{23} \\ a_{32} & a_{33} \end{vmatrix} + a_{21}(-1)^{2+1}\begin{vmatrix} a_{12} & a_{13} \\ a_{32} & a_{33} \end{vmatrix} + a_{31}(-1)^{3+1}\begin{vmatrix} a_{12} & a_{13} \\ a_{22} & a_{23} \end{vmatrix}$$

$$= a_{11}(a_{22}a_{33}-a_{23}a_{32}) - a_{21}(a_{12}a_{33}-a_{13}a_{32}) + a_{31}(a_{12}a_{23}-a_{13}a_{22})$$

이다. 또한 제1행에 대해서 전개하면,

$$|A| = a_{11}(-1)^{1+1}\begin{vmatrix} a_{22} & a_{23} \\ a_{32} & a_{33} \end{vmatrix} + a_{12}(-1)^{2+1}\begin{vmatrix} a_{21} & a_{23} \\ a_{31} & a_{33} \end{vmatrix} + a_{13}(-1)^{3+1}\begin{vmatrix} a_{21} & a_{22} \\ a_{31} & a_{32} \end{vmatrix}$$

$$= a_{11}(a_{22}a_{33}-a_{23}a_{32}) - a_{12}(a_{21}a_{33}-a_{23}a_{31}) + a_{13}(a_{21}a_{32}-a_{22}a_{31})$$

$$= a_{11}(a_{22}a_{33}-a_{23}a_{32}) - a_{21}(a_{12}a_{33}-a_{13}a_{32}) + a_{31}(a_{12}a_{23}-a_{13}a_{22})$$

로 결과는 같다.

또한, 3행 3열까지의 행렬식은 대각 방향으로 계산할 수 있는데 대각 방향으로 계산하는 방법은 4행 4열 이상의 행렬식에는 사용할 수 없다.

$$|A| = \begin{vmatrix} a_{11} & a_{12} & a_{13} \\ a_{21} & a_{22} & a_{23} \\ a_{31} & a_{32} & a_{33} \end{vmatrix}$$

$$= a_{11}a_{22}a_{33} + a_{12}a_{23}a_{31} + a_{13}a_{32}a_{21}$$

$$- a_{13}a_{22}a_{31} - a_{12}a_{21}a_{33} - a_{11}a_{32}a_{23}$$

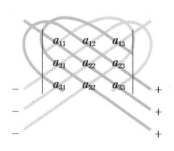

그림 4.1 대각 방향 계산법

예제 4.8

다음의 행렬식을 구하여라.

$$|A| = \begin{vmatrix} 1 & -3 & 6 \\ 5 & 2 & 8 \\ 4 & -1 & 7 \end{vmatrix}$$

해답

$$|A| = 1\begin{vmatrix} 2 & 8 \\ -1 & 7 \end{vmatrix} - 5\begin{vmatrix} -3 & 6 \\ -1 & 7 \end{vmatrix} + 4\begin{vmatrix} -3 & 6 \\ 2 & 8 \end{vmatrix} = 22 + 75 - 144 = -47$$

예제 4.9

예제 4.8의 행렬식에 관하여 (4.27)식을 확인하여라.

해답

$$|A^T| = \begin{vmatrix} 1 & 5 & 4 \\ -3 & 2 & -1 \\ 6 & 8 & 7 \end{vmatrix} = 1\begin{vmatrix} 2 & -1 \\ 8 & 7 \end{vmatrix} - 5\begin{vmatrix} -3 & -1 \\ 6 & 7 \end{vmatrix} + 4\begin{vmatrix} -3 & 2 \\ 6 & 8 \end{vmatrix} = -47$$

예제 4.10

다음의 행렬 A, B에 대하여 (4.29)식을 확인하여라.

$$A = \begin{bmatrix} 4 & 3 \\ 1 & 2 \end{bmatrix}, \ B = \begin{bmatrix} 1 & 3 \\ 2 & 4 \end{bmatrix}$$

해답 $AB = \begin{bmatrix} 10 & 24 \\ 5 & 11 \end{bmatrix}$ $|AB| = -10$, $|A| = 5$, $|B| = -2$이다.

따라서, $|AB| = |A||B|$

4-3 역행렬

n차의 정방행렬 $\boldsymbol{A} = [a_{ij}]$에서 a_{ij}의 여인자 C_{ij}를 $(j,\ i)$ 요소로 하는 행렬,

$$
\begin{bmatrix}
C_{11} & C_{21} & \cdots\cdots & C_{n1} \\
C_{12} & C_{22} & \cdots\cdots & C_{n2} \\
\vdots & \vdots & \vdots & \vdots \\
C_{1n} & C_{2n} & \cdots\cdots & C_{nn}
\end{bmatrix}
\tag{4.30}
$$

을 정방행렬 $\boldsymbol{A}$의 여인자행렬 (Cofactor Matrix, Adjoint Matrix)이라고 하고, $adj\boldsymbol{A}$로 표시한다.

이때

$$
(adj\boldsymbol{A})\boldsymbol{A} = \boldsymbol{A}(adj\boldsymbol{A}) = |\boldsymbol{A}|\boldsymbol{I}
\tag{4.31}
$$

가 성립한다.

예제 4.11

다음의 행렬에 대하여 (4.31)식을 확인하여라.

$$
A = \begin{bmatrix} a & b \\ c & d \end{bmatrix}
$$

해답

$$
adj\boldsymbol{A} = \begin{bmatrix} d & -b \\ -c & a \end{bmatrix} ,\quad |\boldsymbol{A}| = ad - bc \text{이므로}
$$

$$
(adj\boldsymbol{A})\boldsymbol{A} = \begin{bmatrix} d & -b \\ -c & a \end{bmatrix}\begin{bmatrix} a & b \\ c & d \end{bmatrix} = \begin{bmatrix} (ad-bc) & 0 \\ 0 & (ad-bc) \end{bmatrix}
$$

$$
= (ad-bc)\begin{bmatrix} 1 & 0 \\ 0 & 1 \end{bmatrix} = |\boldsymbol{A}|\boldsymbol{I}
$$

$$
\boldsymbol{A}(adj\boldsymbol{A}) = \begin{bmatrix} a & b \\ c & d \end{bmatrix}\begin{bmatrix} d & -b \\ -c & a \end{bmatrix} = \begin{bmatrix} (ad-bc) & 0 \\ 0 & (ad-bc) \end{bmatrix}
$$

$$
= (ad-bc)\begin{bmatrix} 1 & 0 \\ 0 & 1 \end{bmatrix} = |\boldsymbol{A}|\boldsymbol{I}
$$

예제 4.12

다음 행렬의 여인자행렬을 구하여라.

$$
A = \begin{bmatrix} 2 & 1 & 1 \\ 1 & -1 & 2 \\ 0 & 3 & 1 \end{bmatrix}
$$

해답

$$C_{11} = (-1)^2 \begin{vmatrix} -1 & 2 \\ 3 & 1 \end{vmatrix} = -7, \quad C_{12} = (-1)^3 \begin{vmatrix} 1 & 2 \\ 0 & 1 \end{vmatrix} = -1,$$

$$C_{13} = (-1)^4 \begin{vmatrix} 1 & -1 \\ 0 & 3 \end{vmatrix} = 3$$

다른 것도 똑같은 방법으로 하여

$$adj\boldsymbol{A} = \begin{bmatrix} -7 & 2 & 3 \\ -1 & 2 & -3 \\ 3 & -6 & -3 \end{bmatrix}$$

역행렬(Inverse Matrix)은 이 여인자행렬을 사용하여 정의된다.

행렬 $\boldsymbol{A}$에 대해

$$\boldsymbol{AX} = \boldsymbol{I} \tag{4.32}$$

를 충족하는 행렬 X가 존재할 때, 행렬 $\boldsymbol{X}$를 $\boldsymbol{A}$의 역행렬이라고 하며 $\boldsymbol{A}^{-1}$로 표시한다.

여기서 (4.32)식의 양변에 좌측부터 $adj\boldsymbol{A}$를 곱하면

$$(adj\boldsymbol{A})\boldsymbol{AX} = adj\boldsymbol{A} \tag{4.33}$$

이다. 또한 (4.33)식의 좌변에 (4.31)식을 이용하면

$$|\boldsymbol{A}|\boldsymbol{X} = adj\boldsymbol{A} \tag{4.34}$$

이다. 따라서 $|\boldsymbol{A}| \neq 0$일 때에 역행렬이 존재하여

$$\boldsymbol{X}(=\boldsymbol{A}^{-1}) = |\boldsymbol{A}|^{-1}adj\boldsymbol{A} = \frac{adj\boldsymbol{A}}{|\boldsymbol{A}|} \tag{4.35}$$

이다. $|\boldsymbol{A}| \neq 0$인 행렬, 즉, 역행렬이 존재하는 행렬을 정칙행렬(regular matrix)이라고 한다. 정칙행렬 $\boldsymbol{A}$에 대해

$$\boldsymbol{AA}^{-1} = \boldsymbol{A}^{-1}\boldsymbol{A} = \boldsymbol{I} \tag{4.36}$$

이며

$$(\boldsymbol{AB})^{-1} = \boldsymbol{B}^{-1}\boldsymbol{A}^{-1} \tag{4.37}$$

이 성립한다. 또한,

$$\boldsymbol{AA}^T = \boldsymbol{A}^T\boldsymbol{A} = \boldsymbol{I} \tag{4.38}$$

이 성립하는 행렬 A를 직교행렬(orthogonal matrix)이라고 한다. 직교행렬의 경우,

$$\boldsymbol{A}^T = \boldsymbol{A}^{-1} \tag{4.39}$$

이다.

다음 행렬 A의 역행렬을 구하여라.

$$A = \begin{bmatrix} a & b \\ c & d \end{bmatrix}$$

해답 $|A| = ad - bc$가 된다. 따라서 $ad - bc \neq 0$일 때에 역행렬이 존재하여

$$A^{-1} = \frac{1}{ad-bc} \begin{bmatrix} d & -b \\ -c & a \end{bmatrix}$$

이다. 또한,

$$AA^{-1} = \frac{1}{ad-bc} \begin{bmatrix} a & b \\ c & d \end{bmatrix} \begin{bmatrix} d & -b \\ -c & a \end{bmatrix} = \frac{1}{ad-bc} \begin{bmatrix} ad-bc & 0 \\ 0 & ad-bc \end{bmatrix} = \begin{bmatrix} 1 & 0 \\ 0 & 1 \end{bmatrix}$$

$$A^{-1}A = \frac{1}{ad-bc} \begin{bmatrix} d & -b \\ -c & a \end{bmatrix} \begin{bmatrix} a & b \\ c & d \end{bmatrix} = \frac{1}{ad-bc} \begin{bmatrix} ad-bc & 0 \\ 0 & ad-bc \end{bmatrix} = \begin{bmatrix} 1 & 0 \\ 0 & 1 \end{bmatrix}$$

예제 4.14

다음 행렬의 역행렬을 구하여라.

$$A = \begin{bmatrix} 2 & 1 & 1 \\ 1 & -1 & 2 \\ 0 & 3 & 1 \end{bmatrix}$$

해답 $|A| = -12$이므로 $A^{-1} = |A|^{-1} adj A = \frac{-1}{12} \begin{bmatrix} -7 & 2 & 3 \\ -1 & 2 & -3 \\ 3 & -6 & -3 \end{bmatrix}$

이 된다. 또한,

$$AA^{-1} = \frac{-1}{12} \begin{bmatrix} 2 & 1 & 1 \\ 1 & -1 & 2 \\ 0 & 3 & 1 \end{bmatrix} \begin{bmatrix} -7 & 2 & 3 \\ -1 & 2 & -3 \\ 3 & -6 & -3 \end{bmatrix} = \frac{-1}{12} \begin{bmatrix} -12 & 0 & 0 \\ 0 & -12 & 0 \\ 0 & 0 & -12 \end{bmatrix} = \begin{bmatrix} 1 & 0 & 0 \\ 0 & 1 & 0 \\ 0 & 0 & 1 \end{bmatrix}$$

$$A^{-1}A = \frac{-1}{12} \begin{bmatrix} -7 & 2 & 3 \\ -1 & 2 & -3 \\ 3 & -6 & -3 \end{bmatrix} \begin{bmatrix} 2 & 1 & 1 \\ 1 & -1 & 2 \\ 0 & 3 & 1 \end{bmatrix} = \frac{-1}{12} \begin{bmatrix} -12 & 0 & 0 \\ 0 & -12 & 0 \\ 0 & 0 & -12 \end{bmatrix} = \begin{bmatrix} 1 & 0 & 0 \\ 0 & 1 & 0 \\ 0 & 0 & 1 \end{bmatrix}$$

4-4 벡터의 1차 독립과 행렬의 계수

m개의 n차원 벡터 $x_i\ (i = 1,\ \cdots,\ m)$를 생각해 보자.

$$c_1 x_1 + c_2 x_2 + \cdots\cdots + c_m x_m = 0 \tag{4.40}$$

을 만족하는 계수 $c_1, c_2 \cdots\cdots, c_m$ 이 존재할 때 벡터 $x_1, x_2 \cdots\cdots, x_m$ 은 1차 종속이라고 한다.

또한, (4.40)식이 성립하는 것은 모든 계수 c_i가 0인 경우에 한정될 때 벡터 $x_1, x_2 \cdots\cdots, x_m$ 은 1차 독립이라고 한다. 즉, 1차 종속이란 어떤 벡터가 다른 벡터의 선형 결합으로 표현될 수 있다는 의미이며, 1차 독립이란 다른 벡터의 선형 결합으로는 표현할 수 없다는 의미이다. $m \times n$ 행렬 A의 r차 소행렬식 중 0이 아닌 것이 있어서 $(r+1)$차의 소행렬식이 모두 0일 때, r을 행렬 A의 계수(Rank)라고 하고 $\rho(A)$로 나타낸다. 행렬을 행벡터 또는 열벡터로 분해하여 생각하였을 경우, 1차 독립의 벡터 수가 행렬 A의 계수가 된다.

예제 4.15

다음 행렬의 계수를 구하여라.

$$A = \begin{bmatrix} 1 & 1 & 2 & 5 \\ 1 & 2 & 3 & 7 \\ 1 & 3 & 4 & 9 \end{bmatrix}$$

해답 행렬 A는 3×4 행렬이므로 행렬식으로서는 3×3까지이고, 계수는 기껏해야 3이다. 따라서 행렬 A를 4개의 열벡터로 생각하면 제3열 = 제1열 + 제2열이므로 제3열은 제1열, 제2열과 1차 종속이다. 또한, 제4열은 $3 \times$제1열 $+ 2 \times$제2열이므로 제4열도 제1열, 제2열과 1차 종속이다. 따라서 1차 독립인 열벡터는 2개이므로 행렬 A의 자리는 2이다. 행렬식의 개념에서는 3×3의 행렬식은 모두 0이고, 2×2의 소행렬식에 0이 아닌 것이 존재하므로 (이 열의 경우는 모든 2×2 소행렬식이 0이 아니다), 행렬 A의 자리는 2가 된다.

4-5 고유값과 고유벡터

행렬 A에 대해 임의의 벡터 x를 생각하여

$$A_x = \lambda x \tag{4.41}$$

가 성립할 때, λ를 행렬 A의 고유값이라고 한다. $y = Ax$는 행렬 A에 의한 벡터 x의 1차 변환을 의미하므로 (4.41)식은 그 변환 결과인 벡터 y가 원래의 벡터 x에 비례하고 있음을 나타내고 있다. (4.41)식에서

$$[\lambda I - A] x = 0 \tag{4.42}$$

이다. 이 식이 $x \neq 0$의 임의의 벡터에 대해 성립하기 위해서는

$$|\lambda I - A| = 0 \tag{4.43}$$

이다. (4.43)식은

$$\begin{vmatrix} \lambda - a_{11} & -a_{12} & \cdots\cdots\cdots & -a_{1n} \\ -a_{21} & \lambda - a_{22} & \cdots\cdots\cdots & -a_{2n} \\ \vdots & \vdots & \ddots & \vdots \\ -a_{n1} & -a_{n2} & \cdots\cdots\cdots & \lambda - a_{nn} \end{vmatrix} = 0 \tag{4.44}$$

의 형태가 되고

(4.44)식을 전개하면

$$\lambda^n + c_1 \lambda^{n-1} + c_2 \lambda^{n-2} + \cdots\cdots + c_{n-1}\lambda + c_n = 0 \tag{4.45}$$

가 얻어진다. (4.45)식을 고유방정식 또는 특성방정식이라고 한다.

또한,

$$f(\lambda) = |\lambda I - A| \tag{4.46}$$

의 것을 고유다항식 또는 특성다항식이라고 한다. (4.45)식의 해는 행렬 A의 고유값(Eigen Value)라고 한다. 이 고유값은 고전 제어 이론의 특성근과 같아지므로 특성근이라고도 한다. 특성다항식에 대해

$$f(A) = A^n + c_1 A^{n-1} + c_2 A^{n-2} + \cdots\cdots + c_{n-1} A + c_n I = 0 \tag{4.47}$$

이 성립한다. (4.47)식을 케일리-해밀턴(Cayley-Hamilton) 정리라고 한다.

행렬 A가 $(n \times n)$ 행렬인 경우, 고유값은 n개가 있고 실수이거나 켤레복소수이다.

고유값 λ_i에 대응하여 (4.41)식을 충족하는 벡터 v_i, 즉,

$$[\lambda_i I - A] v_i = 0 \tag{4.48}$$

을 충족하는 v_i를 고유벡터(Eigen Vector)라고 한다. 고유값이 모두 다른 경우에는 고유값에 대

응하여 고유벡터가 (4.48)식에서 결정된다. 그러나 고유값이 중근인 경우, (4.48)식만으로는 한 번에 결정되지 않는 경우도 있다. 그때에는 미리 구한 고유벡터 v_i를 이용하여

$$[\lambda_i I - A]v_{i+1} = v_i \tag{4.49}$$

에서 나머지 고유벡터를 결정할 수 있다.

예제 4.16

다음 행렬의 고유값 및 고유벡터를 구하여라.

$$A = \begin{bmatrix} 0 & 1 \\ 1 & 0 \end{bmatrix}$$

해답 $[\lambda I - A] = \begin{bmatrix} \lambda & -1 \\ -1 & \lambda \end{bmatrix}$ 이므로 특성방정식 $\lambda^2 - 1 = 0$가 되어 고유값은 $\lambda = \pm 1$이다.

$\lambda = 1$인 경우의 고유벡터를 $v_1 = [v_{11} \ v_{12}]^T$이라고 하면 $\begin{bmatrix} 0 & 1 \\ 1 & 0 \end{bmatrix}\begin{bmatrix} v_{11} \\ v_{12} \end{bmatrix} = 1\begin{bmatrix} v_{11} \\ v_{12} \end{bmatrix}$에서

$v_{11} = v_{12}$를 얻을 수 있다. 따라서 이 관계식을 충족하는 고유벡터로서 $v_1 = [1 \ 1]^T$ 이라고 할 수 있다. 벡터 놈(norm)이 1이 되도록 규격화하면

$$v_1 = \left[\frac{1}{\sqrt{2}} \ \ \frac{1}{\sqrt{2}} \right]^T$$

이 된다.

$\lambda = -1$인 경우의 고유벡터 $v_2 = [v_{21} \ v_{22}]^T$은

$$\begin{bmatrix} 0 & 1 \\ 1 & 0 \end{bmatrix}\begin{bmatrix} v_{21} \\ v_{22} \end{bmatrix} = -1\begin{bmatrix} v_{21} \\ v_{22} \end{bmatrix} \text{에서} \ v_{21} = -v_{22}$$

이다. 따라서 $v_2 = [-1 \ 1]^T$으로 할 수가 있다.

또한 $v_2 = [1 \ -1]^T$으로 해도 상관없다. 이 예제에서 알 수 있듯이 고유벡터는 특정한 벡터가 결정되는 것이 아니라 벡터의 방향이 결정되는 것이다.

예제 4.17

다음 행렬의 고유값, 고유벡터를 구하여라.

$$A = \begin{bmatrix} 0 & 1 & 1 \\ 1 & 0 & 1 \\ 1 & 1 & 0 \end{bmatrix}$$

$$[\lambda \boldsymbol{I} - \boldsymbol{A}] = \begin{bmatrix} \lambda & -1 & -1 \\ -1 & \lambda & -1 \\ -1 & -1 & \lambda \end{bmatrix}$$

이다. $f(\lambda) = \lambda^3 - 3\lambda - 2 = (\lambda + 1)^2(\lambda - 2) = 0$이 되므로 고유값은 $-1, 2$이며 -1은 중근이다.

$\lambda = 2$에 대한 고유벡터 $\boldsymbol{v}_1$은

$$\begin{bmatrix} 0 & 1 & 1 \\ 1 & 0 & 1 \\ 1 & 1 & 0 \end{bmatrix} \begin{bmatrix} v_{11} \\ v_{12} \\ v_{13} \end{bmatrix} = 2 \begin{bmatrix} v_{11} \\ v_{12} \\ v_{13} \end{bmatrix} \qquad \begin{aligned} -2v_{11} + v_{12} + v_{13} = 0 \\ v_{11} - 2v_{12} + v_{13} = 0 \\ v_{11} + v_{12} - 2v_{13} = 0 \end{aligned}$$

에서 $v_{11} = v_{12} = v_{13}$이고 예를 들면 $\boldsymbol{v}_1 = [1 \ 1 \ 1]^T$으로 할 수가 있다.

다음에 $\lambda = -1$에 대한 고유벡터 $\boldsymbol{v}_2$는

$$\begin{bmatrix} 0 & 1 & 1 \\ 1 & 0 & 1 \\ 1 & 1 & 0 \end{bmatrix} \begin{bmatrix} v_{21} \\ v_{22} \\ v_{23} \end{bmatrix} = -1 \begin{bmatrix} v_{21} \\ v_{22} \\ v_{23} \end{bmatrix}$$

에서 $v_{21} + v_{22} + v_{23} = 0$이다. 이 관계식을 충족할 수 있도록 2개의 독립된 벡터를 생각하면, 예를 들어

$$\boldsymbol{v}_2 = [1 \ -1 \ 0]^T, \ \boldsymbol{v}_3 = [1 \ 0 \ -1]^T$$

을 생각할 수가 있다. 따라서 3개의 고유벡터는

$$\boldsymbol{v}_1 = [1 \ 1 \ 1]^T, \ \boldsymbol{v}_2 = [1 \ -1 \ 0]^T, \ \boldsymbol{v}_3 = [1 \ 0 \ -1]^T$$

으로 할 수 있다. 또한, 이 고유벡터의 선택방법이 유일한 것은 아니다.

예제 4.18

예제 4.17에서 고유벡터의 직교성에 대하여 고찰하여라.

벡터 $\boldsymbol{v}_1$와 벡터 $\boldsymbol{v}_2$ 및 벡터 $\boldsymbol{v}_1$와 벡터 $\boldsymbol{v}_3$는 모두 내적이 0이며 직교하고 있으나 벡터 $\boldsymbol{v}_2$와 벡터 $\boldsymbol{v}_3$는 1차 독립이지만 직교는 하고 있지 않다. 벡터 $\boldsymbol{v}_2$와 벡터 $\boldsymbol{v}_3$가 1차 독립인 것은 (4.40)식의 정의를 적용시켜 $c_1 v_2 + c_2 v_2 = 0$을 생각하였을 경우, $c_1 = c_2 = 0$이 되는 것으로 확인할 수 있다.

예제 4.19

다음 행렬의 고유값, 고유벡터를 구하여라.

$$A = \begin{bmatrix} 0 & 1 \\ -4 & -4 \end{bmatrix}$$

해답 $[\lambda I - A] = \begin{bmatrix} \lambda & -1 \\ 4 & \lambda + 4 \end{bmatrix}$ 이므로 $f(\lambda) = (\lambda + 2)^2 = 0$에서 이 경우의 고유값은

-2이며 중근이다. 고유벡터의 하나를 $v_1 = [v_{11},\ v_{12}]^T$으로 하면

$$\begin{bmatrix} 0 & 1 \\ -4 & -4 \end{bmatrix}\begin{bmatrix} v_{11} \\ v_{12} \end{bmatrix} = -2\begin{bmatrix} v_{11} \\ v_{12} \end{bmatrix}$$

에서 $2v_{11} + v_{12} = 0$이다. 예를 들면 $v_1 = [1\ \ -2]^T$으로 할 수가 있다.

그러나, 이 경우는 고유벡터를 1개 더 결정하지는 못한다.

그래서, v_1를 이용하여,

$$[\lambda I - A]\,v_2 = v_1$$

으로 놓으면,

$$\begin{bmatrix} -2 & -1 \\ 4 & 2 \end{bmatrix}\begin{bmatrix} v_{21} \\ v_{22} \end{bmatrix} = \begin{bmatrix} 1 \\ -2 \end{bmatrix}$$

에서 $2v_{21} + v_{22} = -1$이다. 따라서 $v_2 = [-1\ \ 1]^T$이 된다.

고유벡터는 $v_1 = [1\ \ -2]^T$, $v_2 = [-1\ \ 1]^T$으로 할 수가 있다.

4-6 행렬의 대각화

$n \times n$ 행렬 A의 고유값을 $\lambda_1, \lambda_2, \cdots\cdots, \lambda_n$으로 하고 각각의 고유값에 대응하는 고유벡터를 $v_1, v_2, \cdots\cdots, v_n$으로 한다. 여기서 간단하게 하기 위해 고유값에 중근은 없다고 가정한다. 이때 고유벡터에서 만들어지는 행렬 T

$$T = [v_1\ v_2 \cdots\cdots v_n] \tag{4.50}$$

을 이용하면, 다른 고유값에 대한 고유벡터는 서로 1차 독립이므로

행렬식 $|T| \neq 0$, 즉 행렬 T는 정칙이다. 이때,

$$AT = A[v_1 \; v_2 \; \cdots\cdots \; v_n] = [Av_1 \; Av_2 \; \cdots\cdots \; Av_n]$$

$$= [\lambda_1 v_1 \; \lambda_2 v_2 \; \cdots\cdots \; \lambda_n v_n] = [v_1 \; v_2 \; \cdots\cdots \; v_n]\begin{bmatrix} \lambda_1 & 0 & \cdots\cdots & 0 \\ 0 & \lambda_2 & \cdots\cdots & 0 \\ \vdots & \vdots & \vdots & \vdots \\ 0 & & \cdots\cdots & \lambda_n \end{bmatrix} \tag{4.51}$$

이다. 따라서

$$\Lambda = \begin{bmatrix} \lambda_1 & 0 & \cdots\cdots & 0 \\ 0 & \lambda_2 & \cdots\cdots & 0 \\ \vdots & & & \vdots \\ 0 & \cdots & \cdots\cdots & \lambda_n \end{bmatrix} \tag{4.52}$$

으로 놓으면

$$AT = TA \tag{4.53}$$

이다. 따라서

$$\Lambda = T^{-1}AT \tag{4.54}$$

이다. 즉, 행렬 A는 그 고유벡터로 이루어지는 변환행렬 T를 이용하여 대각 요소에 고유값이 배열되는 대각행렬로 변환할 수 있다. 고유값에 중근이 있는 경우에는 (4.52)식의 형태 또는 조르당 표준형(Jordan Canonical Form)이라고 하는 행렬의 형태가 된다. 이 분야에 대하여 더 흥미가 있는 독자는 참고문헌 10 등을 참조하기 바란다.

예제 4.20

예제 4.16의 행렬을 대각화하여라.

해답 $A = \begin{bmatrix} 0 & 1 \\ 1 & 0 \end{bmatrix}$ 이고, 고유값은 $1, -1$이며 각각에 대응하는 고유벡터는

$v_1 = \begin{bmatrix} 1 \\ 1 \end{bmatrix}$, $v_2 = \begin{bmatrix} -1 \\ 1 \end{bmatrix}$ 이므로 $T = \begin{bmatrix} 1 & -1 \\ 1 & 1 \end{bmatrix}$ 이다.

이때,

$$T^{-1}AT = \frac{1}{2}\begin{bmatrix} 1 & 1 \\ -1 & 1 \end{bmatrix}\begin{bmatrix} 0 & 1 \\ 1 & 0 \end{bmatrix}\begin{bmatrix} 1 & -1 \\ 1 & 1 \end{bmatrix} = \begin{bmatrix} 1 & 0 \\ 0 & -1 \end{bmatrix}$$

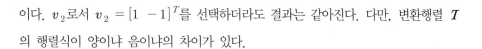

이다. v_2로서 $v_2 = [1 \ \ -1]^T$를 선택하더라도 결과는 같아진다. 다만, 변환행렬 T의 행렬식이 양이냐 음이냐의 차이가 있다.

예제 4.21

예제 4.17의 행렬을 대각화하여라.

해답
$A = \begin{bmatrix} 0 & 1 & 1 \\ 1 & 0 & 1 \\ 1 & 1 & 0 \end{bmatrix}$ 인 고유값은 2, -1이며 -1은 중근이다. 각각에 대응하는 고유벡터는

$v_1 = \begin{bmatrix} 1 \\ 1 \\ 1 \end{bmatrix}$, $v_2 = \begin{bmatrix} 1 \\ -1 \\ 0 \end{bmatrix}$, $v_3 = \begin{bmatrix} 1 \\ 0 \\ -1 \end{bmatrix}$ 이며 $T = \begin{bmatrix} 1 & 1 & 1 \\ 1 & -1 & 0 \\ 1 & 0 & -1 \end{bmatrix}$ 이 된다.

$T^{-1}AT = \dfrac{1}{3} \begin{bmatrix} 1 & 1 & 1 \\ 1 & -2 & 1 \\ 1 & 1 & -2 \end{bmatrix} \begin{bmatrix} 0 & 1 & 1 \\ 1 & 0 & 1 \\ 1 & 1 & 0 \end{bmatrix} \begin{bmatrix} 1 & 1 & 1 \\ 1 & -1 & 0 \\ 1 & 0 & -1 \end{bmatrix} = \begin{bmatrix} 2 & 0 & 0 \\ 0 & -1 & 0 \\ 0 & 0 & -1 \end{bmatrix}$

예제 4.22

예제 4.19의 행렬을 대각화하여라.

해답
$A = \begin{bmatrix} 0 & 1 \\ -4 & -4 \end{bmatrix}$ 에서 고유값은 -2(중근)이다. 고유벡터는

$v_1 = \begin{bmatrix} 1 \\ -2 \end{bmatrix}$, $v_2 = \begin{bmatrix} 1 \\ -1 \end{bmatrix}$ 이므로 $T = \begin{bmatrix} 1 & 1 \\ -2 & -1 \end{bmatrix}$ 이다. 이때

$T^{-1}AT = \begin{bmatrix} -1 & -1 \\ 2 & 1 \end{bmatrix} \begin{bmatrix} 0 & 1 \\ -4 & -4 \end{bmatrix} \begin{bmatrix} 1 & 1 \\ -2 & -1 \end{bmatrix} = \begin{bmatrix} -2 & 1 \\ 0 & -2 \end{bmatrix}$

이다. 이 형태의 행렬을 조르당 표준형이라고 한다.

1. 본문(4.20)식을 이용하여 $(ABC)^T = C^T B^T A^T$ 를 나타내어라.

2. 다음 행렬의 역행렬을 구하여라.

(1) $A = \begin{bmatrix} 1 & 2 & 1 \\ 3 & 5 & 1 \\ 0 & 0 & 1 \end{bmatrix}$
(2) $A = \begin{bmatrix} 1 & 2 & 2 \\ 2 & -2 & 1 \\ 2 & 1 & -2 \end{bmatrix}$

3. 다음 행렬의 고유값, 고유벡터를 구하여라.

(1) $A = \begin{bmatrix} 1 & 2 \\ -1 & 4 \end{bmatrix}$
(2) $A = \begin{bmatrix} 3 & 2 & 4 \\ 2 & 0 & 2 \\ 4 & 2 & 3 \end{bmatrix}$

4. 다음 행렬의 고유벡터를 구하고 대각화하여라.

(1) $A = \begin{bmatrix} 2 & -2 & 3 \\ 1 & 1 & 1 \\ 1 & 3 & -1 \end{bmatrix}$
(2) $A = \begin{bmatrix} 0 & 1 & 0 \\ 0 & 0 & 1 \\ 3 & -7 & 5 \end{bmatrix}$

5. A 가 대칭행렬이면 $T^T A + AT$, $T^T AT$ 는 모두 대칭행렬임을 나타내어라.

부록

부록 1. 단위계

1-1 SI 단위계의 기본단위

수학과 공학의 기본적인 차이는 단위에 있다고 할 수 있다. 예를 들어 수학에서는 $2+3=5$라는 식이 항상 옳은 것이다. 그러나 공학에서는 이 식이 의미하는 것이 불분명하다. $2\,[\mathrm{m}]+3\,[\mathrm{m}]=5\,[\mathrm{m}]$라면 길이에 대한 계산임을 알 수 있다. 또한, $2\,[\mathrm{kg}]+3\,[\mathrm{kg}]=5\,[\mathrm{kg}]$의 경우라도 그 의미를 알 수 있다. 그러나 $2\,[\mathrm{m}]+3\,[\mathrm{kg}]=5\,[?]$에서는 의미가 통하지 않는 것이다. '그런 바보 같은 계산을 할 수 있나!'라고 생각하는 독자가 많을지도 모르겠지만 실제로 이러한 차이를 인식하지 못하는 사람도 꽤 많다.

예제 1

다음 식에서 틀린 것은 어느 것인가? (단, $m\,[\mathrm{kg}]$, $\rho\,[\mathrm{kg/m^3}]$, $v\,[\mathrm{m/s}]$, $g\,[\mathrm{m/s^2}]$, $h\,[\mathrm{m}]$이다.)

① $\dfrac{1}{2}mv^2 + mgh$ ② $\dfrac{1}{2}mv^2 + \rho gh$ ③ $\dfrac{1}{2}\rho v^2 + \rho gh$

해답 틀린 것은 ②번이다. 여기서 일단 정답을 표시하였지만 이 장을 다 읽은 후에 다시 한 번 확인해 보자.

① 식의 단위는

$$\frac{1}{2}mv^2 \rightarrow \left[\mathrm{kg}\left(\frac{\mathrm{m}}{\mathrm{s}}\right)^2\right] = \left[\frac{\mathrm{kg\cdot m}}{\mathrm{s}^2}\cdot\mathrm{m}\right] = [\mathrm{N\cdot m}] = [\mathrm{J}]$$

$$mgh \rightarrow \left[\mathrm{kg}\cdot\frac{\mathrm{m}}{\mathrm{s}^2}\cdot\mathrm{m}\right] = [\mathrm{N\cdot m}] = [\mathrm{J}]$$

이다. $[\mathrm{J}]$는 줄(Joule)이라고 읽고 에너지의 단위이다. 운동에너지와 위치에너지의 합으로 되어 있다. 에너지 보존의 법칙에서 나오는 식이다. 또한, 이 장에서는 단위를 $[\quad]$로 표기한다.

② 식의 단위는

$$\frac{1}{2}mv^2 \rightarrow \left[\mathrm{kg}\cdot\left(\frac{\mathrm{m}}{\mathrm{s}}\right)^2\right] = \left[\frac{\mathrm{kg\cdot m}}{\mathrm{s}^2}\cdot\mathrm{m}\right] = [\mathrm{N\cdot m}] = [\mathrm{J}]$$

$$\rho gh \rightarrow \left[\frac{\mathrm{kg}}{m^3}\cdot\frac{\mathrm{m}}{\mathrm{s}^2}\cdot\mathrm{m}\right] = \left[\frac{\mathrm{kg\cdot m}}{\mathrm{s}^2}\cdot\frac{1}{\mathrm{m}^2}\right] = \left[\frac{\mathrm{N}}{\mathrm{m}^2}\right] = [\mathrm{Pa}]$$

되어 있으므로 이 식은 의미가 불분명한 것이다.

③ 식의 단위는

$$\frac{1}{2}\rho v^2 \rightarrow \left[\frac{\text{kg}}{\text{m}^3} \cdot \left(\frac{\text{m}}{\text{s}} \right)^2 \right] = \left[\frac{\text{kg} \cdot \text{m}}{\text{s}^2} \cdot \frac{1}{\text{m}^2} \right] = \left[\frac{\text{N}}{\text{m}^2} \right] = [\text{Pa}]$$

$$\rho g h \rightarrow \left[\frac{\text{kg}}{\text{m}^3} \cdot \frac{\text{m}}{\text{s}^2} \cdot \text{m} \right] = \left[\frac{\text{kg} \cdot \text{m}}{\text{s}^2} \cdot \frac{1}{\text{m}^2} \right] = \left[\frac{\text{N}}{\text{m}^2} \right] = [\text{Pa}]$$

이다. ③식은 유체역학의 베르누이 법칙에서 나오는 것이다. 부록 예제 14와 16
번을 참조하기 바란다.

갑자기 까다로운 예제를 제시하였지만 이 단위 계산을 순조롭게 하기 위한 설명이 본 부록
이다. 수학에서는 단위가 없는 숫자나 문자를 다루고 있지만 공학에서 대상으로 하는 물리량
에는 모두 단위가 있다. 단위도 수학의 문자식 계산과 똑같은 방법으로 계산을 할 수 있다. 만
일, 하나의 식에 단위가 다른 항이 포함되어 있으면, 그 식은 틀린 것이다. 공학에서는 항상
단위를 확인하는 습관을 들여야 한다. 단위는 공학의 생명이다.

그런데, 무게나 길이의 단위의 경우, 아직까지는 각 나라에서 사용하는 것이 제 각각이었다.
나라가 다르면 당연히 단위도 다르다. 영국에서는 길이가 야드이고 무게는 파운드였다. 미국에
서는 피트, 야드, 파운드, 킬로그램이 혼재하고 있었다. 이렇게 사용되는 단위계가 다를 경우,
환산이 필요하게 된다. 이 환산이 의외로 성가시기 때문에 때로는 심각한 설계 오류의 원인이
될 수도 있다.

$$1\,[\text{ft}] = 0.3048\,[\text{m}]\;,\;\;1\,[\text{yd}] = 0.9144\,[\text{m}] \tag{부록. 1}$$

와 같은 식이다. 이러한 불편을 해소하기 위해 전세계가 단위를 통일하여 사용하게 된 것이 국제
단위계 (Le Systeme International d'Unites)이다. 간단히 SI 단위계라고 한다. SI 단위계는 미
터법 계통의 MKS 단위계를 기반으로 한 단위계이다. 같은 미터법의 흐름에 종래에는 cgs 단위계
와 중력단위계 등도 있었다. 기계공학에서는 중력단위계, 전기공학과 물리학에서는 cgs 단위계가
널리 사용되고 있었다. 미터법이 프랑스가 제안한 단위라는 점에서 SI 단위계의 SI도 프랑스어의
의미가 포함되어 있다.

일본도 1991년에 일본공업표준조사회가 SI 단위계를 따르도록 규정하였다. 이 조사회는 경
제산업성에 설치된 심의회로서 일본공업규격(Japanease Industrial Standard : JIS)을 제정
하고 있다. 필자가 학생이었을 때는 아직 기계공학과에서 중력단위계를 사용하는 것이 상식이
었다.

SI 단위계에서는 7개의 기본단위와 그것을 합성하여 구성한 조립단위가 정해져 있다. 7개의
기본단위는 다음과 같다.

명칭	단위	기호
질량	킬로그램	kg
길이	미터	m
시간	초	s
온도	캘빈	K
조도	칸델라	cd
물질량	몰	mol
전류	암페어	A

기본 단위는 7개이지만 교양 과정의 역학에서 주로 능숙하게 사용해야 하는 것은 질량, 길이, 시간, 온도의 4개로 생각하면 될 것이다. 이 4개의 단위만 잘 다룬다면 역학에 자신감이 붙을 것이다. 물론 때로는 몰 및 칸델라라는 단위도 접할 수 있겠지만, 기본은 뭐니 뭐니 해도 위에서 언급한 4개의 단위이다. 여기서 전기의 단위는 왜 전류 [A]로만 표기하는 것인지 의아하게 생각하는 독자가 있을지도 모르겠다. 이것에 대해서는 부록 1-4에서 설명하기로 한다.

예제 2

섭씨온도[℃], 화씨온도[℉], 절대온도[K]의 관계를 나타내어라.

해답 섭씨온도는 표준 대기압 상태에서 물의 어는점을 0 [℃], 끓는점을 100 [℃]로 하고 그 사이를 100 등분하고 있다. 화씨온도는 각각 32 [℉], 212 [℉]에 대응하여 그 사이를 180 등분하고 있다. 또한 절대 온도는 열역학적 온도라고도 하며 모든 열운동이 정지하는 온도를 절대영도 (0 [K])로 하고 있다. 이 3가지 온도의 관계는 다음과 같다.

$$[℉] = \frac{9}{5} [℃] + 32 \quad [℃] = \frac{5}{9}([℉] - 32)$$

$$[K] = [℃] + 273.15$$

SI 단위계의 조립단위

1 거리·속도·가속도

다음은 조립단위에 설명하기로 한다. 먼저 직선운동에 대하여 생각해 보자. 역학에서는 직선운동을 병진운동이라고도 한다. SI 기본단위의 길이를 여기에서 어떤 정해진 지점으로부터의 거리로 생각하면 거리의 단위는 [m]이다. 거리, 속도, 가속도의 관계는 2.7 절에서 설명한 미분·적분의 관계로 되어 있다. 여기서 미분하는 것은 '시간으로 나눈다'는 것을 의미하고 적분하는 것은 '시간을 곱한다'는 의미이다. 미분·적분의 연산 기호에는 미소 시간이 dt로 되어 있고, 단위는 [s]이다. 따라서 속도의 단위는 [m/s], 가속도의 단위는 [m/s²]가 된다. 모두 길이와 시간이라는 기본단위로 구성된 조립단위이다.

그림 1 거리·속도·가속도의 관계

예제 3

시속 $50\,[\text{km/h}]$, 중력가속도 $980\,[\text{cm/s}^2]$을 SI 단위계로 변환하여라.

해답

$$50\,[\text{km/h}] = \frac{50\times10^3}{60\times60}\left[\frac{\text{m}}{\text{s}}\right] = 13.9[\text{m/s}]$$

$$980\,[\text{cm/s}^2] = 980\times10^{-2}\,[\text{m/s}^2] = 9.8\,[\text{m/s}^2]$$

2 회전각·각속도·각가속도

물체의 운동에는 직선운동 외에 회전운동이 있다. 회전운동의 경우, 직선운동의 거리에 대응하는 물리량은 각도이다. 이 각도의 크기를 나타내는 SI 단위계는 [rad]이고 이것은 조립단위로 분류되는 단위이다. 각도의 표현 방법에는 도수법과 호도법이 있다. 도수법에서는 원의 한 바퀴를 360도로 한다. 단위는 [deg]이고 [°]라는 기호를 사용한다. 한편, 호도법은 원의 한 바퀴를 2π [rad]로 한다. 단위는 라디안이라고 읽는다. 즉 $2\pi[\text{rad}] = 360[°]$ 이므로

$$\pi\,[\text{rad}] = 180\,[°] \tag{부록. 2}$$

이다. 1 [rad]의 정의는 '반지름이 r [m]인 원둘레 위에 반지름과 같은 길이의 호에 대응하는 중심각'이다 (본문 그림 1.11). 반지름이 r인 원둘레의 길이는 $2\pi r$이므로

$$\frac{2\pi r}{r} = 2\pi \tag{부록. 3}$$

로, 원의 중심각은 2π [rad]이다. 또한 단위 [rad]은 [m/m]이라는 정의에서 얻어진 것이므로 무차원 [−]이 된다. 즉 호도법에 의한 각도의 SI 단위는 조립단위이며 무차원 [−]이다. 공학에서 각도 SI의 단위는 [rad]임을 주의해야 한다. 기계공학 계열의 학생이 가장 많이 하는 실수는 [rad]와 [deg]를 혼동하는 것이다. 공학용 계산기로 삼각함수를 사용하는 경우에는, 특히 주의해야 한다. 각도의 입력에 [rad] 모드와 [deg] 모드가 있다. 물론 회전운동에도 속도, 가속도가 있다. 직선운동의 속도 [m/s]에 대해 회전운동에서는 각속도 [rad/s]가 가속도 [m/s²]에 대해서는 각가속도 [rad/s²]가 해당된다.

예제 4

지구의 자전 및 공전의 각속도를 구하여라. 단, 하루는 24시간, 1년은 365일로 한다.

해답

자전 : $360\,[°/\text{day}] = \dfrac{2\pi}{24 \times 60 \times 60}\,[\text{rad/s}] = 7.2722 \times 10^{-5}\,[\text{rad/s}]$

공전 : $360\,[°/\text{year}] = \dfrac{2\pi}{365 \times 24 \times 60 \times 60}\,[\text{rad/s}] = 1.9924 \times 10^{-7}\,[\text{rad/s}]$

3 힘의 단위 뉴턴

조립단위를 생각할 때 중요한 포인트는 물리 공식을 기억해내는 것이다. 힘의 단위는 '뉴턴의 운동에 관한 제2법칙'에서 결정된다.

$$ma = F \tag{부록. 4}$$

여기서 m은 물체의 질량으로 단위는 [kg]이고 a는 물체의 가속도로 단위는 $[m/s^2]$이다. 따라서 (부록 4)식에서 힘 F의 단위는 $[kg\,m/s^2]$이 된다. 단위도 문자식과 마찬가지로 계산이 가능하다. 이 단위에 조립단위로 뉴턴 [N]이라는 기호가 사용된다. 즉

$$[N] = [kg\,m/s^2] \tag{부록. 5}$$

예제 5

질량이 1ton인 물체가 미치는 중력의 크기를 구하여라.

해답 '질량이 1 ton인 물체가 미치는 중력'이란 질량이 1000 [kg]인 물체에 중력가속도 9.8 $[m/s^2]$이 작용한 결과이다. 따라서

$$10^3 \,[kg] \times 9.8 \,[m/s^2] = 9.8 \times 10^3 \,[kg\,m/s^2] = 9.8 \times 10^3 [N]$$

기계공학 계열 학생이 저지르기 쉬운 두 번째 실수는 물리량이 질량[kg]과 힘[N]을 혼동하는 것이다. 그 원인은 SI 단위계가 채택되기 이전에 중력단위계라는 것이 있었는데 이 단위계에서는 힘의 단위가 [kg]이었다. 그것을 명확하게 하기 위해 힘의 단위를 $[kg_f]$이나 [kgW]라고 표기하도록 규정되어 있었지만 그것마저 지켜지지 않고 일반적으로 힘의 단위가 [kg]이라고 표시되고 있었다. 예를 들어 체중계의 경우 '체중이 50 [kg]이다'라고 했을 때 [kg]은 정확히 말하자면 [kgW]를 의미하는 것이다. 왜냐하면 체중을 잴 때 저울에 올라가면 (중력가속도가 작동하는 상태) 거기에 50 [kg]이라는 눈금이 표시되기 때문이다. 만약 '50 [kg]은 질량을 의미한다'고 하면 '체중은 490 [N]'이 되는 것이다.

4 토크

토크는 물체를 회전시키려는 힘으로 '팔의 길이×힘'으로 정의된다. 여기서 ×는 벡터곱을 나타낸다. 즉

$$T = l \times F \tag{부록. 6}$$

이다. F는 힘 [N], l는 팔의 길이 [m]이므로 토크 T의 단위는 [Nm]이 된다. 기본단위로 나타내면 $[kg\,m^2/s^2]$이다.

직선운동의 (부록 4)식에 대응한 회전운동의 방정식은

$$I\theta'' = T \tag{부록. 7}$$

이다. 여기서 I는 관성모멘트, θ''는 각가속도로 $[\text{rad}/\text{s}^2]$, T는 가해진 토크 $[\text{Nm}]$이므로 관성모멘트의 단위는 $[\text{Nms}^2/\text{rad}]$이 된다.

여기서 $[\text{rad}]$는 무차원이므로 $[\text{Nms}^2]$이다.

예제 6

물리학에서 관성모멘트의 정의는

$$I = \sum mr^2$$

이다. 즉, 질량 $m\,[\text{kg}]$에 회전축으로부터의 거리 $r\,[\text{m}]$의 제곱을 곱한 것의 총합이다. 이 단위를 확인하여라.

해답

$$[\text{kg}] \times [\text{m}^2] = [\text{kgm}^2] = [(\text{kgm}/\text{s}^2) \cdot (\text{ms}^2)] = [\text{Nms}^2]$$

이 되어 (부록 7)식의 관성모멘트와 모순이 없음을 알 수 있다. 또한 이 관성모멘트의 구체적인 계산 방법에 대해서는 2.11절에서 이미 설명하였다.

5 운동량

힘$[\text{N}]$의 정의는 '질량$[\text{kg}] \times$가속도$[\text{m}/\text{s}^2]$'이지만, '질량$m\,[\text{kg}] \times$속도 $v\,[\text{m}/\text{s}]$'로 정의되는 물리량이 있다. 이것을 운동량이라고 한다. 즉, 운동량 mv의 단위는 $[\text{kgm}/\text{s}]$이다. $[\text{Ns}]$이라고 생각해도 괜찮다. 힘의 단위와는 $[\text{s}]$만 다르다. 여기서 미분이 시간으로 나누는 것이라는 것을 떠올리면 '운동량의 시간적 변화율은 가해진 힘과 같다'라는 물리법칙을 이해할 수 있을 것이다. 즉

$$\frac{d}{dt}(mv) = F \tag{부록. 8}$$

이다. 이것은 뉴턴의 운동에 관한 제2법칙의 일반 형태로 (부록. 8) 식의 좌변을 곱의 미분을 적용하여 그대로 미분하면

$$\frac{d}{dt}(m)v + m\frac{d}{dt}(v) = F \tag{부록. 9}$$

이다. 여기서 운동하는 동안 물체의 질량에 변화가 없다고 가정하면 제1항은 0이 된다. 또한, 제2항의 속도의 변화율은 가속도이므로 결국 (부록. 9)식은 (부록. 4) 식과 같은

$$ma = F \tag{부록. 4}$$

이 된다. 즉 (부록. 4) 식은 질량의 변화가 없는 물체의 운동 방정식이다. 예를 들면, 우주 로켓처럼 비상하는 동안 질량이 급격하게 변하는 운동체인 경우에는 (부록. 8) 식을 이용해야 한다. 또한, (부록. 8)식에서 외력 F가 0인 경우는

$$mv = \text{constant} \qquad\qquad\qquad \text{(부록. 10)}$$

이 된다. 즉, 외력이 작용하지 않으면 운동량은 일정하게 보존된다는 '운동량 보존의 법칙'이다.

예제 7

'운동량의 변화는 충격량과 같다'는 것을 단위의 관점에서 확인하여라.

해답 충격량은 힘 F [N]와 힘이 작용한 시간 $\triangle t$ [s]의 곱 $F\triangle t$이므로 단위는 [Ns]이다. 충격량이 작용하는 전후의 운동량 변화는 $mv_1 - mv_2$이며, 단위는 운동량과 같은 $[\text{kgm/s}] = [(\text{kgm/s}^2)\cdot\text{s}] = [\text{Ns}]$이다.

이 법칙을 수식으로 표현하면,

$$mv_1 - mv_2 = F\cdot\triangle t$$

$$\frac{m(v_1 - v_2)}{\triangle t} = F$$

이다. 여기서 $v_1 - v_2 = \triangle v$로 하면,

$$\frac{m\triangle v}{\triangle t} = m\frac{dv}{dt} = F$$

가 되어, 질량에 변화가 없는 경우, 뉴턴의 운동에 관한 제2법칙이 된다.

---

6 각운동량

회전운동의 경우, 직선운동의 운동량에 대응하는 물리량이 각운동량이다.

각운동량 H는

$$H = I\omega \qquad\qquad\qquad \text{(부록. 11)}$$

로 정의된다. 여기서 I 는 관성모멘트 $[\text{Nms}^2]$, ω $[\text{rad/s}]$는 회전 각속도이다. [rad]는 무차원이므로 제외하고 생각하면 각운동량의 단위는 [Nms]이다. 이것도 토크의 단위 [Nm]와 [s]만 다르다. 따라서

$$\frac{d}{dt}(H) = T \qquad\qquad\qquad (\text{부록. } 12)$$

가 성립한다. 이것은 '각운동량의 시간적 변화율은 가해진 토크와 같다'고 하는 의미이다. 회전운동인 경우에서의 뉴턴의 제2법칙에 해당하는 것이다. 물론, 이 경우도 외력 토크가 0일 때는 각운동량이 보존된다.

예제 8

'각운동량의 변화는 충격량 모멘트와 같다'라는 것을 단위의 관점에서 확인하여라.

해답 충격량 모멘트는 힘의 모멘트 $T[\mathrm{Nm}]$와 모멘트가 작용한 시간 $\triangle t\,[\mathrm{s}]$의 곱이므로 단위는 $T \cdot \triangle t\,[\mathrm{Nms}]$이다. 충격량 모멘트가 작용하는 전후의 각운동량의 변화는 $I\omega_1 - I\omega_2$이며 단위는 각운동량과 동일한 $[\mathrm{Nms}]$이다.

이 법칙도 수식으로 표현하면,

$$I\omega_1 - I\omega_2 = T \cdot \triangle t$$

$$\frac{I(\omega_1 - \omega_2)}{\triangle t} = T$$

여기서 $w_1 - w_2 = \triangle w$로 하여

$$\frac{I\triangle w}{\triangle t} = I\frac{dw}{dt} = T$$

가 되어 관성모멘트가 일정한 경우에서의 뉴턴의 제2법칙에 해당하는 것이다.

---

7 압력의 단위

공학에서 자주 나오는 또 하나의 단위가 압력이다. 압력의 정의는 '단위면적당 작용하는 힘'이므로 단위는 $[\mathrm{N/m^2}]$이다. 길이의 SI 단위는 $[\mathrm{m}]$이므로 단위면적이라 하면 $1\,[\mathrm{m^2}]$이 된다. 이 $[\mathrm{N/m^2}]$를 $[\mathrm{Pa}]$이라는 기호로 쓰고 파스칼이라고 읽는다.

예제 9

1기압($1\,[\mathrm{atm}]$)을 파스칼$[\mathrm{Pa}]$로 나타내어라. (단, 1기압의 정의는 $760\,[\mathrm{mmHg}]$이다. 또한, 수은의 밀도는 $13.6\,[\mathrm{g/cm^3}]$으로 한다.)

> **해답** 먼저 SI 단위계로 통일한다.

$$13.6 \ [\mathrm{g/cm^3}] = 13.6 \times 10^{-3} \times (10^2)^3 \ [\mathrm{kg/m^3}]$$

$$= 1.36 \times 10^4 \ [\mathrm{kg/m^3}]$$

높이 760 [mm]의 수은주의 중력과 1 기압이 균형을 이루고 있으므로,

$$1 \ [\mathrm{atm}] = 760 \ [\mathrm{mmHg}]$$

$$= 0.76 \ [\mathrm{m}] \times 1.36 \times 10^4 \ [\mathrm{kg/m^3}] \times 9.8 \ [\mathrm{m/s^2}]$$

$$= 1.013 \times 10^5 \ (\mathrm{kgm/s^2})/\mathrm{m^2}]$$

$$= 1.013 \times 10^5 \ [\mathrm{Pa}]$$

이다. 그리고, 관용적으로 $1 \ [\mathrm{hPa}] = 10^2 \ [\mathrm{Pa}]$을 이용하면,

$$1 \ [\mathrm{atm}] = 1\,013 \ [\mathrm{hPa}]$$

이다. 헥토파스칼로 읽고 일기예보 등에 사용된다.

예제 10

재료역학에서 사용되는 응력의 단위에 대하여 서술하여라.

> **해답** 재료역학에서 사용되는 응력은 단위 면적으로 $1 \ [\mathrm{mm^2}]$를 생각한다.

$$1 \ [\mathrm{mm}] = 10^{-3} \ [\mathrm{m}]$$

$$1 \ [\mathrm{mm^2}] = (10^{-3})^2 \ [\mathrm{m^2}] = 10^{-6} \ [\mathrm{m^2}]$$

그러므로

$$1 \ [\mathrm{N/mm^2}] = 1\left[\frac{\mathrm{N}}{10^{-6}\mathrm{m^2}}\right] = 10^6 \ [\mathrm{N/m^2}]$$

이다. 즉, 재료역학에서 사용하는 응력의 단위는 다음과 같다.

$$1 \ [\mathrm{N/mm^2}] = 10^6 \ [\mathrm{Pa}] = 1 \ [\mathrm{MPa}]$$

여기서 M은 10^6이라는 뜻이며 메가라고 읽는다. 이러한 기호를 SI 단위의 접두어라고 한다.

호칭	배수	기호	호칭	배수	기호
킬로	10^3	k	밀리	10^{-3}	m
메가	10^6	M	마이크로	10^{-6}	μ
기가	10^9	G	나노	10^{-9}	n
테라	10^{12}	T	피코	10^{-12}	p

부표 2 SI 단위의 접두어

1-3 계수의 단위

공학에서는 계수에도 모두 단위를 생각한다. 그중에는 무차원 계수도 있는데 이 경우에도 [−]로 표기한다.

예제 11

미끄럼 마찰계수의 단위를 나타내어라.

해답 미끄럼 마찰력 f는 수직 항력에 비례한다. 즉,

$$f = \mu N$$

이다. 여기서, μ는 미끄럼 마찰계수, N은 수직 항력이다. f, N 모두 단위가 힘의 단위 [N]이므로 μ는 무차원의 [−]계수가 된다.

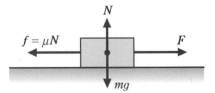

예제 12

만유인력계수 G의 단위를 나타내어라.

해답 만유인력의 법칙은

$$F = G\frac{Mm}{r^2}$$

이다. 여기서, F [N]가 만유인력, M, m은 두 물체의 질량으로 단위는 [kg], r은
두 물체 사이의 거리로 단위는 [m]이다. 따라서, 만유인력계수 G의 단위는

$$\left[\frac{\text{N·m}^2}{\text{kg·kg}}\right] = \left[\frac{\text{kgm}}{\text{s}^2}\frac{\text{m}^2}{\text{kg·kg}}\right] = [\text{m}^3\text{kg}^{-1}\text{s}^{-2}]$$

이 된다. G의 값은 $G = 6.6720 \times 10^{-11}$ $[\text{m}^3\text{kg}^{-1}\text{s}^{-2}]$이다.

예제 13

기체상수 R의 단위를 구하여라.

해답 물리학에 따르면 기체 상수 R은 볼츠만 상수 k_B $[\text{JK}^{-1}]$와 아보가드로 수
N_A $[\text{mol}^{-1}]$의 곱으로 주어지는데, 우선 이상기체에 대한 상태방정식인 보일–샤를
의 법칙을 생각해내는 것이 중요하다.

$$pv = nRT$$

여기서, p $[\text{N/m}^2]$는 이상기체의 압력, v $[\text{m}^3]$는 부피, n [mol]은 기체의 몰수,
T [K]는 절대온도이다. 따라서, 기체상수 R의 단위는

$$\left[\frac{\text{N}}{\text{m}^2}\text{m}^3\frac{1}{\text{mol}}\frac{1}{\text{K}}\right] = \left[\frac{\text{Nm}}{\text{mol K}}\right] = [\text{J·K}^{-1}\text{·mol}^{-1}]$$

이 된다. 여기서 [J]는 줄이라고 읽고 [Nm]이다. 이것은 에너지의 단위이다. 이 기
체상수의 단위는 물론 볼츠만상수와 아보가드로수의 단위를 곱한 단위로 되어 있다.

설명을 보충하자면 1 [mol]이란 아보가드로수와 같은 분자수를 가진 기체로 표준 기체의
경우, 0 [℃], 1 [atm]의 조건하에서 체적이 22.4 $[l]$ = 22.4×10^{-3} $[\text{m}^3]$이다.

1-4 일의 단위

다음은 일의 단위이다. 역학에서 일 W는 가해진 힘 F[N]와 물체의 이동 거리 r [m]의 내적으로 정의되므로,

$$W = (F \cdot r) = Fr \cos \theta \text{ [Nm]} \tag{부록. 13}$$

이다. SI 단위계에서는 이 [Nm]에 줄[J]이라는 조립단위를 사용한다. 또한 단위시간당 일량 [J/s]에 일률 [W]이라는 조립단위를 사용하여 와트라고 읽는다. 즉

$$[\text{W}] = [\text{J/s}] = [\text{Nm/s}] \tag{부록. 14}$$

이다. 일량 W 라는 기호와 일률의 단위 와트[W]를 혼동하기 쉬울지도 모르지만, 이 책에서는 단위를 일관되게 [ ]로 쓰고 있다.

한편, 전기공학에서의 일률은 전류 I [A]와 전압 V [V]의 곱으로 주어진다. 전류와 전압의 단위는 각각 암페어, 볼트이다. 이 전류와 전압의 곱도 단위는 와트 [W]이지만, 이것은 역학에서의 일률과 같은 것이다. 즉,

$$[\text{W}] = [\text{J/s}] = [\text{A}] \times [\text{V}] \tag{부록. 15}$$

가 성립된다. [A]가 SI 단위계의 기본단위로 선택되어 있기 때문에 이 관계식을 이용하면 전압의 SI 단위는 $[\text{Js}^{-1}\text{A}^{-1}]$이 된다. 그러나, 이 단위에 조립단위로서 [V]가 주어져 있으므로 결국 전기공학에서도 SI 단위를 그대로 통용하게 된다.

예를 들면, 저항 R[Ω]은

$$\text{전압 } V\text{[V]} = \text{전류 } I \text{ [A]} \times \text{ 저항 } R \text{ [}\Omega\text{]} \tag{부록. 16}$$

에서

$$[\Omega] = [\text{VA}^{-1}] = [\text{Js}^{-1}\text{A}^{-2}] \tag{부록. 17}$$

이 된다. 이 $[\text{Js}^{-1}\text{A}^{-2}]$에 조립단위 [$\Omega$]가 주어져 있으므로, 전기공학의 단위는 기존 상태 그대로 문제가 없다.

또한, 역학에서의 에너지의 단위도 일의 단위와 마찬가지로 [J]이다. 역학적 에너지는 운동에너지와 위치에너지가 있으며 이들의 합은 일정하다는 것이 에너지 보존의 법칙이다. 이 역학적 에너지와 열량 사이의 관계가 열의 일당량에서

$$1 \text{ [cal]} = 4.2 \text{ [J]} \tag{부록. 18}$$

라는 관계가 실험적으로 확인되었다.

예제 14

역학적 에너지의 단위를 확인하여라.

해답 운동에너지는 $\frac{1}{2}mv^2$이며, m은 질량 [kg], v는 속도 [m/s]이므로

단위는

$$\left[\text{kg}\frac{\text{m}^2}{\text{s}^2}\right] = \left[\frac{\text{kgm}}{\text{s}^2}\text{m}\right] = [\text{Nm}]$$

이다. 또한, 위치에너지는 mgh이며 m은 질량[kg], g는 중력가속도[m/s^2], h는 물체의 높이[m]이다. 따라서

$$\left[\text{kg}\frac{\text{m}}{\text{s}^2}\text{m}\right] = \left[\frac{\text{kgm}}{\text{s}^2}\text{m}\right] = [\text{Nm}]$$

으로 에너지의 단위는 모두 일의 단위인 [J]과 같다.

예제 15

열의 일당량에 대하여 설명하여라.

해답 열역학에서는 1 [g]의 물을 1 [℃] 상승시키는 데 필요한 열량을 1 [cal]라고 한다. (엄밀하게는 물을 14.5 [℃]에서 15.5 [℃]로 상승시키는 데 필요한 열량). 이 열량과 역학적 에너지 일[J]의 관계를 실험적으로 구한 연구자가 영국의 물리학자 줄(Joule)이다. 그는

$$1\,[\text{cal}] = 4.1855\,[\text{J}]$$

이라는 실험값을 구하였다. 이 계수를 열의 일당량이라고 한다.

예제 16

수력학에서 베르누이의 정리를 단위의 관점에서 확인하여라.

해답 베르누이의 정리는

$$p + \frac{1}{2}\rho v^2 + \rho gh = \text{constant}$$

이다. p는 정압이고 단위는 [Pa], ρ는 유체의 밀도로 [kg/m^3], h는 유체의 높이

[m]이다.

$$[\rho v^2] = \left[\frac{\text{kg}}{\text{m}^3}\frac{\text{m}^2}{\text{s}^2}\right] = \left[\frac{\text{kgm}}{\text{s}^2}\frac{1}{\text{m}^2}\right] = \left[\frac{\text{N}}{\text{m}^2}\right] = [\text{Pa}]$$

$$[\rho gh] = \left[\frac{\text{kg}}{\text{m}^3}\frac{\text{m}}{\text{s}^2}\text{m}\right] = \left[\frac{\text{kgm}}{\text{s}^2}\frac{1}{\text{m}^2}\right] = \left[\frac{\text{N}}{\text{m}^2}\right] = [\text{Pa}]$$

정리의 모든 항이 압력의 단위 [Pa]로 통일된다.

여기서 $\frac{1}{2}\rho v^2$를 동압이라고 한다.

1-5 직선운동과 회전운동

기계공학에서 나오는 단위들을 직선운동과 회전운동으로 비교하여 정리하면 다음과 같다.

부표 3 직선운동과 회전운동 비교

직선운동	단위	회전운동	단위
질량	kg	관성모멘트	$kg \cdot m^2$
힘	$kg \cdot m \cdot s^{-2}$	토크	$kg \cdot m^2 \cdot s^{-2}$
운동방정식	$mx'' = F$	운동방정식	$I\theta'' = T$
위치	m	각도	rad
속도	$m \cdot s^{-1}$	각속도	$rad \cdot s^{-1}$
가속도	$m \cdot s^{-2}$	각가속도	$rad \cdot s^{-2}$
운동량	$kg \cdot m \cdot s^{-1}$	각운동량	$kg \cdot m^2 \cdot rad \cdot s^{-1}$

여기서 한 가지 주의가 필요하다. 직선운동에서는 척도를 나타내는 위치로 [m]라는 단위를 사용하지만, 회전운동에서 회전각도의 단위는 [rad]이다. [rad]의 정의에서 분모와 분자는 [m/m]이므로 무차원 단위 [−]가 된다. 따라서 차원해석으로는 기재하지 않는데 이것이 종종

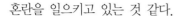

혼란을 일으키고 있는 것 같다.

예를 들면, 토크의 단위는 [N·m]이다.

직선운동의 일과 단위가 같다. 직선운동에서는 힘과 변위의 내적이 일이고, 회전운동에서는 팔의 길이와 힘의 벡터곱이 토크이다. 이 두 가지의 단위가 같게 되는 것이다.

그런데, 회전 시스템에서의 운동방정식 $I\theta'' = T$를 사용하여 [rad]을 남긴 채 토크의 단위를 확인하면,

$$[\text{kg}\cdot\text{m}^2]\left[\frac{\text{rad}}{\text{s}^2}\right] = \left[\frac{\text{kg}\cdot\text{m}}{\text{s}^2}\cdot\text{m}\cdot\text{rad}\right] = [\text{N}\cdot\text{m}\cdot\text{rad}] \qquad (\text{부록. } 19)$$

이므로 [rad]이 남아 있는 이 단위를 토크의 단위로 생각하는 것이 좋다고 생각한다.

회전각을 발생시켰기 때문에 토크인 것이다. (부록. 11) 식, (부록. 12) 식에서도 [rad]을 생략하고 설명했는데 양변에 [rad]을 남긴 형태로 생각하는 것이 좋다.

부록 2. Excel VBA 사용법

Excel VBA를 처음 사용하는 독자는 동양북스 홈페이지에서 예제 3.26, 예제 3.27에 사용한 프로그램을 다운로드하여 다음 순서를 따라 실행해야 한다. 초보자도 몇 번 실행해 보면 쉽게 이해할 수 있다. 또한 다른 파일 이름으로 저장한 후, 이 프로그램을 토대로 설정을 다양하게 고칠 수도 있기 때문에 새로 프로그램을 만드는 것보다 간단하다.

● Office 2003으로 실행하는 경우

1. 예제 3.26의 프로그램을 다운로드하여 더블클릭하면 '시큐리티 경고'가 나온다.
2. '매크로를 유효로 한다'를 클릭하면 Excel 시트가 표시된다.
3. Excel 화면 상단의 툴바에서 '도구', '매크로', '매크로'를 차례로 선택한다.
4. 매크로 창이 열리면 프로그램을 실행할 경우에는 '실행'을, 프로그램의 내용을 확인하거나 변경할 경우에는 '편집'을 선택한다.
   '실행'을 선택하면 Excel 시트로 되돌아가서 프로그램이 실행된다. 또한, '편집'을 선택하면 Editor가 열리고 프로그램이 표시된다.
5. Editor를 닫을 경우에는 우측 상단의 × 표시 또는 좌측 끝의 Excel 아이콘을 클릭한다.

● Office 2003에서 새로 Excel VBA 프로그램을 작성할 경우

1. Excel 프로그램을 실행한다.
2. Excel 화면 상단의 툴바에서 '도구', '매크로', 'Visual Basic Editor'를 선택하면 오른쪽에 회색창이 열린다.
3. '삽입', '표준 모듈'을 선택하면 회색 부분이 하얗게 변하고 프로그램 영역이 표시된다. 이것이 새로운 Editor가 열린 상태이다.
4. Editor에서 sub 로켓 ( )라고 입력하면 자동으로 End sub가 부가된다. 그 사이에 프로그램 소스를 입력한다. Sub의 다음은 스페이스 키로 반각의 공백을 둔다. 프로그램의 이름은 '로켓'이 된다.
5. Editor를 닫으려면 우측 상단의 × 표시 또는 좌측 끝의 Excel 아이콘을 클릭한다.

● Office 2007에서 실행하는 경우

1. Office 2007에서 예제 3.26의 프로그램을 더블클릭하면 Excel 시트가 열린다.

2. 툴바의 '홈', '삽입'의 마지막 단계에 '개발' 탭이 있는데 이것을 클릭하면 좌측 끝에 'Visual Basic'과 '매크로'아이콘이 표시된다. 'Visual Basic'을 선택하면 Editor가 열리고 프로그램이 표시된다. '매크로'를 선택하면 프로그램을 실행할 수 있다.

   '개발' 탭이 표시되지 않는 경우에는 다음과 같은 요령으로 '개발' 탭이 표시되게 만든다.

   ① Excel 시트의 상단·좌단에 있는 Office 버튼을 클릭한다.

   ② 창의 가장 아래 행에 있는 'Excel 옵션'을 클릭한다.

   ③ 기본 설정에서 '개발 탭을 리본에 표시하기'에 체크한다.

3. Editor를 닫으려면 우측 상단의 × 표시 또는 좌측 끝의 Excel 아이콘을 클릭한다.

● Office 2007에서 새로운 Excel VBA 프로그램을 작성하는 경우

1. Excel 프로그램을 실행한다.

2. 툴바의 '홈', '삽입'의 마지막 단계에 '개발' 탭이 있는데 이것을 선택하면 좌측에 'Visual Basic'과 '매크로'아이콘이 표시된다. 'Visual Basic'을 선택하면 우측에 회색창이 열린다.

   '개발' 탭이 표시되지 않는 경우에는 다음과 같은 요령으로 '개발'탭이 표시되게 만든다.

   ① Excel 시트의 상단·좌단에 있는 Office 버튼을 클릭한다.

   ② 창의 가장 아래 행에 있는 'Excel 옵션'을 클릭한다.

   ③ 기본 설정에서 '개발 탭을 리본에 표시하기'에 체크한다.

3. '삽입', '표준 모듈'을 선택하면 회색 부분이 하얗게 변하고, 프로그램 영역이 표시된다. 이것이 새로운 Editor가 열린 상태이다.

4. sub 로켓 ( )라고 입력하면 자동으로 End sub가 부가된다. 그 사이에 프로그램 소스를 입력한다. Sub의 다음은 스페이스 키로 반각의 공백을 둔다. 프로그램의 이름은 '로켓'이 된다.

5. Editor를 닫으려면 우측 상단의 × 표시 또는 좌측 끝의 Excel 아이콘을 클릭한다.

참고문헌

1. 와다치 미키 저, '이공계 수학 입문 과정 1 미적분', 이와나미 서점

2. 도다 모리카즈·아사노 나루요시 공저, '이공계 수학 입문 코스 2 행렬과 1차 변환', 이와나미 서점

3. 야지마 노부오 저, '이공계 수학 입문 코스 4 상미분 방정식', 이와나미 서점

4. 오모테 미노루 저, '이공계의 수학 입문 코스 5 복소 함수' 이와나미 서점

5. 야노 켄타로·이시하라 시게루 공저, '과학 기술자를 위한 기초 수학', 쇼카보

6. 오이시 가즈오· 니우 게이시로 공저, '기초 물리학', 쇼카보

7. 에구치 히로후미 저, '이공계의 기초 지식', 소프트뱅크 크리에이티브

8. Chi-Tsong Chen, 'Linear System Theory and Design', Holt Saunders

9. 에구치 히로후미 저, '처음 배우는 PID 제어의 기초', 도쿄덴키대학 출판국

10. 에구치 히로후미·오야 마사히로 공저, '처음 배우는 현대 제어의 기초', 도쿄덴키대학 출판국

11. '대학 수학 일대일 대응 연습 수학Ⅰ, 수학Ⅱ, 수학Ⅲ', 도쿄출판

연습문제 >>>
해답

▶ 제 1 장

1. (1) $f(x) = x^3 - 2x^2 - x + 2$로 하면 $f(1) = 0$, $f(-1) = 0$, $f(2) = 0$이 된다.

따라서

$$\frac{x^2 + 10x - 15}{x^3 - 2x^2 - x + 2} = \frac{a}{x-1} + \frac{b}{x+1} + \frac{c}{x-2} \text{ 라고 전개하면}$$

$$\frac{a}{x-1} + \frac{b}{x+1} + \frac{c}{x-2} = \frac{a(x+1)(x-2) + b(x-1)(x-2) + c(x-1)(x+1)}{(x-1)(x+1)(x-2)}$$

$$= \frac{(a+b+c)x^2 - (a+3b)x - (2a-2b+c)}{x^3 - 2x^2 - x + 2}$$

$$\begin{cases} a+b+c = 1 \\ a+3b = -10 \\ 2a-2b+c = 15 \end{cases}$$

이다. 따라서

$a = 2$, $b = -4$, $c = 3$이 되므로 아래와 같이 된다.

$$\frac{x^2 + 10x - 15}{x^3 - 2x^2 - x + 2} = \frac{2}{x-1} - \frac{4}{x+1} + \frac{3}{x-2}$$

(2) 분모 $x^2 + x + 1 = 0$은 실수해를 가지지 않으므로 실수의 범위에서 부분분수로 전개할 때는 그대로이다. 단, 분자가 1차식이 된다.

$$\frac{1}{(x+1)^2(x^2+x+1)} = \frac{a}{(x+1)^2} + \frac{b}{x+1} + \frac{cx+d}{x^2+x+1}$$

이때,

$$\frac{a}{(x+1)^2} + \frac{b}{x+1} + \frac{cx+d}{x^2+x+1}$$

$$= \frac{a(x^2+x+1) + b(x+1)(x^2+x+1) + (cx+d)(x+1)^2}{(x+1)^2(x^2+x+1)}$$

이므로

$$\begin{cases} b+c = 0 \\ a+2b+2c+d = 0 \\ a+2b+c+2d = 0 \\ a+b+d = 1 \end{cases}$$

이다. 따라서 $a = 1$, $b = 1$, $c = -1$, $d = -1$이 되어 다음 식이 된다.

$$\frac{1}{(x+1)^2(x^2+x+1)} = \frac{1}{(x+1)^2} + \frac{1}{x+1} - \frac{x+1}{x^2+x+1}$$

2. $1+i$가 해이면 $1-i$도 해가 된다. 나머지 한 개는 실수해이므로 이것을 α로 놓으면,

$$x^3 + ax^2 + bx + 2 = (x-\alpha)\{x-(1+i)\}\{x-(1-i)\}$$
$$= (x-\alpha)(x^2-2x+2) = x^3 - (\alpha+2)x^2 + 2(\alpha+1)x - 2\alpha$$

$\alpha+2=-a$, $2(\alpha+1)=b$, $\alpha=-1$이므로 $a=-1$, $b=0$이 된다.

3. 우선 진수 조건에서 $x>-1$, $y>-3$이다. 제2식에서

$\log_2 \dfrac{x+1}{y+3} = -1$, $\dfrac{x+1}{y+3} = 2^{-1}$, $y+3 = 2(x+1)$, $y = 2x-1$이다.

제1식에 대입하여 $8 \cdot 3^x - 3^{2x-1} = -27$, $3^x = X$로 놓으면

$X^2 - 24X - 81 = 0$

$(X-27)(X+3) = 0$, $X=-3$, 27가 되고 $X>0$이므로 $x=3$, $y=5$가 된다.

모두 진수 조건을 충족하고 있다.

4. $\sin 2x = \dfrac{2\sin x \cos x}{1} = \dfrac{2\sin x \cos x}{\sin^2 x + \cos^2 x} = \dfrac{2\dfrac{\sin x}{\cos x}}{1 + \dfrac{\sin^2 x}{\cos^2 x}} = \dfrac{2t}{1+t^2}$

$\cos 2x = \dfrac{\cos^2 x - \sin^2 x}{1} = \dfrac{\cos^2 x - \sin^2 x}{\cos^2 x + \sin^2 x} = \dfrac{1 - \tan^2 x}{1 + \tan^2 x} = \dfrac{1-t^2}{1+t^2}$

5. $\sin^2 x = \dfrac{1 - \cos 2x}{2}$, $\cos^2 x = \dfrac{1 + \cos 2x}{2}$, $\sin x \cos x = \dfrac{\sin 2x}{2}$

를 이용하여 1차식으로 변형하여 합성한다.

$$f(x) = \frac{1-\cos 2x}{2} + 2\sqrt{3}\,\frac{\sin 2x}{2} - \frac{1+\cos 2x}{2} + 1$$
$$= \sqrt{3}\sin 2x - \cos 2x + 1 = \sqrt{4}\left(\frac{\sqrt{3}}{2}\sin 2x - \frac{1}{2}\cos 2x\right) + 1$$

$$= 2\sin\left(2x - \frac{\pi}{6}\right) + 1$$

$0 \le x \le \pi$이므로 $-\frac{\pi}{6} \le 2x - \frac{\pi}{6} \le 2\pi - \frac{\pi}{6}$

따라서 $2x - \frac{\pi}{6} = \frac{\pi}{2}$ 즉 $x = \frac{1}{3}\pi$일 때 최댓값은 3이다.

▶제 2 장

1. $f(x) = -x^3 + 6x^2 - x + 1$이라고 하면 $f'(x) = -3x^2 + 12x - 1$

극한값을 갖는 x의 값은 $f'(x) = 0$이므로

$x = \dfrac{6 \pm \sqrt{33}}{3}$이다. $\alpha = \dfrac{6 - \sqrt{33}}{3}$, $\beta = \dfrac{6 + \sqrt{33}}{3}$으로 놓으면

$0 < \alpha < 1$, $3 < \beta$이므로 $-1 \le x \le 3$을 고려하여 $x = \alpha$에서 최솟값을 가지고, 최댓값은 $f(-1)$과 $f(3)$ 중에서 큰 쪽이 된다 (x^3의 계수가 음(−)인 3차함수 그래프의 형태를 생각한다). 또한, 이 상태로는 극한값에서의 $f(\alpha)$ 계산이 번거로우므로 $f(x)$를 $f'(x)$로 나누어 나머지를 구한다($f'(\alpha) = 0$을 사용).

$f(x) = f'(x)g(x) + h(x)$로 놓으면 $h(x) = \dfrac{22x + 1}{3}$이고, 극한값에서

$f(\alpha) = f'(\alpha)g(\alpha) + h(\alpha) = h(\alpha)$이므로 $(f'(\alpha) = 0)$, 최솟값은

$f\left(\dfrac{6 - \sqrt{33}}{3}\right) = h\left(\dfrac{6 - \sqrt{33}}{3}\right) = \dfrac{22}{3} \cdot \dfrac{6 - \sqrt{33}}{3} + \dfrac{1}{3} = \dfrac{135 - 22\sqrt{33}}{9}$

또한, 최댓값은 $f(-1) = 9$, $f(3) = 25$이므로 25가 된다.

2. $f(x) = x^3 - 3ax^2 + 4a$로 놓으면 $f'(x) = 3x^2 - 6ax = 3x(x - 2a)$

$f(x)$가 3차식에서 $a > 0$이므로 $x = 0$에서 최댓값, $x = 2a$에서 최솟값이다.

$f(0) = 4a > 0$, $f(2a) = 8a^3 - 12a^3 + 4a = 4a(1 - a^2)$이므로 $a > 1$일 때 3개, $a = 1$일 때 2개, $0 < a < 1$일 때 1개이다.

3. (1) $x\sqrt{x-1} = (x-1)\sqrt{x-1} + \sqrt{x-1}$ 로 변형한다.

$$\int_1^2 x\sqrt{x-1}\,dx = \int_1^2 (x-1)\sqrt{x-1}\,dx + \int_1^2 \sqrt{x-1}\,dx$$

$$= \int_1^2 (x-1)^{\frac{3}{2}}\,dx + \int_1^2 (x-1)^{\frac{1}{2}}\,dx$$

$$= \frac{2}{5}\left[(x-1)^{\frac{5}{2}}\right]_1^2 + \frac{2}{3}\left[(x-1)^{\frac{3}{2}}\right]_1^2 = \frac{2}{5} + \frac{2}{3} = \frac{16}{15}$$

(2) $$\int_{-1}^1 \frac{e^x}{e^x+1}\,dx = \int_{-1}^1 \frac{(e^x+1)'}{e^x+1}\,dx = \Big[\log_e(e^x+1)\Big]_{-1}^1$$

$$= \log_e \frac{e+1}{e^{-1}-1} = \log_e e = 1$$

(3) 예제 2.44의 결과를 사용해도 된다. 여기에는 다른 풀이 방법을 나타내었다.

$x = \tan\theta \ (0 \le \theta \le \frac{\pi}{2})$로 놓으면 $dx = \dfrac{1}{\cos^2\theta}\,d\theta$가 된다. 또한,

$$\sqrt{x^2+1} = \sqrt{\tan^2\theta+1} = \frac{1}{\cos\theta} \ (\text{단}, \ 0 \le \theta \le \frac{\pi}{2}),$$

따라서 $\displaystyle\int_0^1 \frac{1}{\sqrt{x^2+1}}\,dx = \int_0^{\frac{\pi}{4}} \frac{\cos\theta}{\cos^2\theta}\,d\theta$가 된다. 여기서 $\sin\theta = t$로 놓으면

$\cos\theta\,d\theta = dt$이므로

$$\int_0^1 \frac{1}{\sqrt{x^2+1}}\,dx = \int_0^{\frac{\pi}{4}} \frac{\cos\theta}{\cos^2\theta}\,d\theta = \int_0^{\frac{1}{\sqrt{2}}} \frac{1}{1-t^2}\,dt$$

$$= \frac{1}{2}\int_0^{\frac{1}{\sqrt{2}}} \left\{\frac{1}{1-t} + \frac{1}{1+t}\right\}dt$$

$$= \frac{1}{2}\Big[-\log_e(1-t) + \log_e(1+t)\Big]_0^{\frac{1}{\sqrt{2}}} = \frac{1}{2}\left[\log_e \frac{1+t}{1-t}\right]_0^{\frac{1}{\sqrt{2}}} = \frac{1}{2}\log_e \frac{\sqrt{2}+1}{\sqrt{2}-1}$$

$$= \frac{1}{2}\log_e(\sqrt{2}+1)^2 = \log_e(\sqrt{2}+1)$$

(4) $\displaystyle I = \int e^{-x}\sin x\,dx = e^{-x}\int \sin x\,dx - \int (-e^{-x})\int \sin x\,dx\,dx$

$$= -e^{-x}\cos x - \int e^{-x}\cos x\,dx$$

$$= -e^{-x}\cos x - e^{-x}\int \cos x\,dx + \int (-e^{-x})\int \cos x\,dx\,dx$$

$$= -e^{-x}(\cos x + \sin x) - I$$

따라서 $I = -\dfrac{1}{2}e^{-x}(\cos x + \sin x) + c$ (c는 적분상수)

(5) $\tan\dfrac{x}{2} = t$로 놓으면,

$$\sin x = \frac{\sin x}{1} = \frac{2\sin\dfrac{x}{2}\cos\dfrac{x}{2}}{\sin^2\dfrac{x}{2} + \cos^2\dfrac{x}{2}} = \frac{2\tan\dfrac{x}{2}}{1 + \tan^2\dfrac{x}{2}} = \frac{2t}{1 + t^2}$$

$$\cos x = \frac{\cos x}{1} = \frac{\cos^2\dfrac{x}{2} - \sin^2\dfrac{x}{2}}{\sin^2\dfrac{x}{2} + \cos^2\dfrac{x}{2}} = \frac{1 - \tan^2\dfrac{x}{2}}{1 + \tan^2\dfrac{x}{2}} = \frac{1 - t^2}{1 + t^2}$$

$$\frac{dt}{dx} = \frac{1}{\cos^2\dfrac{x}{2}} \cdot \frac{1}{2} = \frac{1}{2}(1 + t^2)$$이 되므로, $dx = \dfrac{2}{1 + t^2}dt$가 된다.

따라서

$$\int \frac{5}{3\sin x + 4\cos x}dx = \int \frac{5}{\dfrac{6t}{1 + t^2} + \dfrac{4(1 - t^2)}{1 + t^2}}\frac{2}{1 + t^2}dt = \int \frac{5}{3t + 2(1 - t^2)}dt$$

$$= \int \frac{-5}{2t^2 - 3t - 2}dt = \int \frac{-5}{(2t + 1)(t - 2)}dt = \int \left(\frac{2}{2t + 1} - \frac{1}{t - 2}\right)dt$$

$$= \log_e|2t + 1| - \log_e|t - 2|$$

따라서

$$\int \frac{5}{3\sin x + 4\cos x}dx = \log_e\left|\frac{2\tan\dfrac{x}{2} + 1}{\tan\dfrac{x}{2} - 2}\right| + c \ (c는 적분상수)$$

4. 원의 중심에 원점을 잡고

$x = r\cos\theta$, $y = r\sin\theta$로 놓으면,

$$x_G = \frac{\rho\displaystyle\iint x\,dx\,dy}{M} = \frac{\rho\displaystyle\int_b^a\int_0^{2\pi} r\cos\theta \cdot r\,dr\,d\theta}{M} = \frac{\rho\displaystyle\int_b^a r^2\,dr\int_0^{2\pi}\cos\theta\,d\theta}{M} = 0\,[\mathrm{m}]$$

$$y_G = \frac{\rho \iint y \, dx dy}{M} = \frac{\rho \int_b^a \int_0^{2\pi} r\sin\theta \cdot r \, dr d\theta}{M} = \frac{\rho \int_b^a r^2 \, dr \int_0^{2\pi} \sin\theta d\theta}{M} = 0 \,[\,\mathrm{m}\,]$$

5. 원주 좌표를 이용하면 $y^2 + z^2 = r^2$이므로

$$I_{xx} = \rho \int_{-\frac{l}{2}}^{\frac{l}{2}} dx \iint (y^2 + z^2) dy dz = \rho \int_{-\frac{l}{2}}^{\frac{l}{2}} dx \int_b^a r^3 \, dr \int_0^{2\pi} d\theta = \frac{1}{2}\rho\pi(a^4 - b^4)l$$

$M = \rho\pi(a^2 - b^2)l$이므로 $I_{xx} = \frac{1}{2}M(a^2 + b^2) \,[\,\mathrm{kg m^2}\,]$

▶ 제 3 장

1. 이 해는 연산자법에 따라 $D^2 - D - 6 = (D-3)(D+2) = 0$에서 얻어진다.

반대로 $y = c_1 e^{-2t} + c_2 e^{3t}$가 해인 증명은 문제식에 대입하면 된다.

$y(t) = c_1 e^{-2t} + c_2 e^{3t}$

$y^{'}(t) = -2c_1 e^{-2t} + 3c_2 e^{3t}$

$y^{''}(t) = 4c_1 e^{-2t} + 9c_2 e^{3t}$

을 문제식에 대입하면,

$(4c_1 + 2c_1 - 6c_1)e^{-2t} + (9c_2 - 3c_2 - 6c_2)e^{3t} = 0$

이며 임의의 c_1, c_2의 값에 대해 성립하고 있다.

2. $(1 - y^2)dx = -xy \, dy$

$\frac{1}{x} dx = \frac{-y}{1 - y^2} dy$

가 되고 이것은 변수분리형이다.

$\log|x| = \frac{1}{2}\log|1 - y^2| + c$

$$\frac{x^2}{1-y^2} = e^{2c} = k, \ k > 0$$

따라서

$$\frac{x^2}{k} + y^2 = 1$$

이다. 이것은 타원의 방정식이다.

3. 연산자법을 이용하면 $D^2 + 5D + 6 = (D+2)(D+3) = 0$에서 동차해는

$$y(t) = c_1 e^{-2t} + c_2 e^{-3t}$$

이다. 특수해는

$$y(t) = Ate^{-2t} + Be^{3t}$$

으로 놓고 문제식에 대입한다.

$$y^{'}(t) = Ae^{-2t} - 2Ate^{-2t} + 3Be^{3t}$$

$$y''(t) = -4Ae^{-2t} + 4Ate^{-2t} + 9Be^{3t}$$

이므로

$$-4A + 5A = 3$$

$$9B + 15B + 6B = 1$$

에서 $A = 3$, $B = \frac{1}{30}$ 이다. 따라서 일반해는

$$y(t) = c_1 e^{-2t} + c_2 e^{-3t} + 3te^{-2t} + \frac{1}{30}e^{3t}$$ 이다.

4. 초기 위치를 원점으로 하고 수직 아랫방향을 $z(t)$라고 생각하면 $t = 0$에서의 초기 조건은

$$z(0) = 0, \ z^{'}(0) = 0$$이다.

운동방정식은

$$m\frac{d^2 z(t)}{dt^2} + a\frac{dz(t)}{dt} = mg$$

이다. 따라서

$$\frac{d^2 z(t)}{dt^2} + \frac{a}{m}\frac{dz(t)}{dt} = g$$

여기서 표기를 간단하게 하려고 계수 $\dfrac{a}{m}$ 를 새로 k로 놓으면,

$$z^{''}(t) + kz^{'}(t) = g$$

이다. 이것은 선형 상수형의 미분방정식이므로 연산자법을 이용하면 동차해는

$D(D+k) = 0$에서 $D = 0, \ -k$이므로

$$z(t) = c_1 e^{0t} + c_2 e^{-kt} = c_1 + c_2 e^{-kt}$$

이다. 또한 특수해 한 개는

$$z(t) = \dfrac{g}{k} t$$

라고 생각할 수 있으므로 해는

$$z(t) = c_1 + c_2 e^{-kt} + \dfrac{g}{k} t$$

이다. 초기 조건 $z(0) = 0, \ z'(0) = 0$을 이용하면,

$$z(0) = c_1 + c_2 = 0$$

$$z'(0) = -c_2 k + \dfrac{g}{k} = 0$$

에서,

$$c_1 = -\dfrac{g}{k^2}, \ \ c_2 = \dfrac{g}{k^2}$$

가 얻어진다. 따라서 k도 원래대로 놓으면,

$$z(t) = -(\dfrac{m}{a})^2 g + (\dfrac{m}{a})^2 g \cdot e^{-\frac{a}{m}t} + \dfrac{m}{a} gt$$

이다. 또한 문제식으로 돌아가 다른 해를

$$\dfrac{dz(t)}{dt} = y(t)$$

로 놓으면,

$$\dfrac{dy(t)}{dt} + \dfrac{a}{m} y(t) = g$$

가 되고 선형 1차 미분방정식으로 변환된다. 여기에서 본문의 공식을 사용하면,

$$y(t) = e^{-\int \frac{a}{m} dt} \left\{ A + \int g e^{\int \frac{a}{m} dt} dt \right\} = e^{-\frac{a}{m}t} \left\{ A + g \int e^{\frac{a}{m}t} dt \right\}$$

$$= e^{-\frac{a}{m}t} \left\{ A + \dfrac{mg}{a} e^{\frac{a}{m}t} \right\} = A e^{-\frac{a}{m}t} + \dfrac{mg}{a}$$

$t=0$에서 $y(0)=z'(0)=0$을 이용하면 $A=-\dfrac{mg}{a}$가 된다. 따라서

$$y(t)=\frac{mg}{a}(1-e^{-\frac{a}{m}t})$$

이다. 그리고 직접 적분하여

$$z(t)=\frac{mg}{a}(t+\frac{m}{a}e^{-\frac{a}{m}t})+c$$

$t=0$에서 $z(0)=0$을 이용하면 $c=-\left(\dfrac{m}{a}\right)^{2}g$이므로

$$z(t)=-\left(\frac{m}{a}\right)^{2}g+\left(\frac{m}{a}\right)^{2}g\cdot e^{-\frac{a}{m}t}+\frac{m}{g}gt$$

5. 문제에 나타낸 그림은 콘덴서 $C\,[F]$와 저항 $R\,[\Omega]$을 이용한 RC 회로라고 한다. 회로에 흐르는 전류를 $i(t)$라 하면,

$$Ri(t)+\frac{1}{C}\int i(t)dt=e_i(t) \qquad\qquad ①$$

이다. $e_o(t)$는 콘덴서에 걸리는 전압이므로

$$e_o(t)=\frac{1}{C}\int i(t)dt \qquad\qquad ②$$

이다. ②식을 미분하면

$$i(t)=Ce_o^{'}(t) \qquad\qquad ③$$

이므로 ②식, ③식을 ①식에 대입하면

$$e_o^{'}(t)+\frac{1}{RC}e_o(t)=\frac{e_i(t)}{RC}$$

이다. 여기서 $R=10\,[\Omega]$, $C=0.1\,[F]$을 대입하면

$$e_o^{'}(t)+e_o(t)=1$$

이다. 동차해는 $e_o(t)=ce^{-t}$이고 하나의 특수해는 $e_o(t)=1$이므로 일반해는

$$e_o(t)=ce^{-t}+1$$ 이다.

여기서 초기 조건을 이용하면 $c=-1$이므로 일반해는 $e_o(t)=1-e^{-t}$이다.

 제 4 장

1. $(ABC)^T = \{(AB)C\}^T = C^T(AB)^T = C^T B^T A^T$

$(ABC)^T = \{A(BC)\}^T = (BC)^T A^T = C^T B^T A^T$

2. (1) $|A| = -1$, adj$A = \begin{bmatrix} 5 & -2 & -3 \\ -3 & 1 & 2 \\ 0 & 0 & -1 \end{bmatrix}$

$$A^{-1} = -1 \begin{bmatrix} 5 & -2 & -3 \\ -3 & 1 & 2 \\ 0 & 0 & -1 \end{bmatrix} = \begin{bmatrix} -5 & 2 & 3 \\ 3 & -1 & -2 \\ 0 & 0 & 1 \end{bmatrix}$$

(2) $|A| = 27$, adj$A = \begin{bmatrix} 3 & 6 & 6 \\ 6 & -6 & 3 \\ 6 & 3 & -6 \end{bmatrix}$

$$A^{-1} = \frac{1}{27} \begin{bmatrix} 3 & 6 & 6 \\ 6 & -6 & 3 \\ 6 & 3 & -6 \end{bmatrix} = \begin{bmatrix} \dfrac{1}{9} & \dfrac{2}{9} & \dfrac{2}{9} \\ \dfrac{2}{9} & -\dfrac{2}{9} & \dfrac{1}{9} \\ \dfrac{2}{9} & \dfrac{1}{9} & -\dfrac{2}{9} \end{bmatrix}$$

3. (1) $f(\lambda) = (\lambda - 2)(\lambda - 3) = 0$에서 고유값은 $\lambda = 2$, 3이다.

$\lambda = 2$에 대한 고유벡터는 $v_{11} - 2v_{12} = 0$에서 $v_1 = [2 \quad 1]^T$

$\lambda = 3$에 대한 고유벡터는 $v_{21} - v_{22} = 0$에서 $v_2 = [1 \quad 1]^T$으로 할 수 있다.

(2) $f(\lambda) = (\lambda + 1)^2(\lambda - 8) = 0$에서 고유값은 $\lambda = -1$, 8이며, $\lambda = -1$는 중근이다.

$\lambda = 8$에 대한 고유벡터는,

$v_{11} - 4v_{12} + v_{13} = 0$, $4v_{11} + 2v_{12} - 5v_{13} = 0$에서 $v_1 = [2 \quad 1 \quad 2]^T$

$\lambda = -1$에 대한 고유벡터는 $2v_{21} + v_{22} + 2v_{23} = 0$에서, 예를 들면,

$v_2 = [1 \quad 0 \quad -1]^T$, $v_3 = [1 \quad -4 \quad 1]$로 할 수 있다.

4. (1) $f(\lambda) = (\lambda - 1)(\lambda + 2)(\lambda - 3) = 0$에서 고유값은 $\lambda = 1, -2, 3$

$\lambda = 1$에 대한 고유벡터는 $v_1 = [1 \quad -1 \quad -1]^T$

$\lambda = -2$에 대한 고유벡터는 $v_2 = [11 \quad 1 \quad -14]^T$

$\lambda = 3$에 대한 고유벡터는 $v_3 = [1 \quad 1 \quad 1]^T$

$$T^{-1}AT = \frac{1}{30} \begin{bmatrix} 15 & -25 & 10 \\ 0 & 2 & -2 \\ 15 & 3 & 12 \end{bmatrix} \begin{bmatrix} 2 & -2 & 3 \\ 1 & 1 & 1 \\ 1 & 3 & -1 \end{bmatrix} \begin{bmatrix} 1 & 11 & 1 \\ -1 & 1 & 1 \\ -1 & -14 & 1 \end{bmatrix}$$

$$= \begin{bmatrix} 1 & 0 & 0 \\ 0 & -2 & 0 \\ 0 & 0 & 3 \end{bmatrix}$$

(2) $f(\lambda) = (\lambda - 1)^2(\lambda - 3) = 0$에서 고유값은 $\lambda = 1, 3$이며 $\lambda = 1$은 중근 $\lambda = 1$에 대한 고유벡터는 $v_1 = [1 \ 1 \ 1]^T$ 뿐이다.

따라서 $(A - \lambda I)v_2 = v_1$에서 $v_2 = [0 \ 1 \ 2]^T$

$\lambda = 3$에 대한 고유벡터는 $v_3 = [1 \ 3 \ 9]$

$$T^{-1}AT = \frac{1}{4} \begin{bmatrix} 3 & 2 & -1 \\ -6 & 8 & -2 \\ 1 & -2 & 1 \end{bmatrix} \begin{bmatrix} 0 & 1 & 0 \\ 0 & 0 & 1 \\ 3 & -7 & 5 \end{bmatrix} \begin{bmatrix} 1 & 0 & 1 \\ 1 & 1 & 3 \\ 1 & 2 & 9 \end{bmatrix} = \begin{bmatrix} 1 & 1 & 0 \\ 0 & 1 & 0 \\ 0 & 0 & 3 \end{bmatrix}$$

5. $(T^TA + AT)^T = (T^TA) + (AT)^T = A^TT + T^TA^T$.

여기서 $A^T = A$이므로 $(T^TA + AT)^T = AT + T^TA = T^TA + AT$.

즉, $T^TA + AT$ 는 대칭행렬이다.

$(T^TAT)^T = T^TA^TT = T^TAT$. 따라서 T^TAT 도 대칭행렬이다.

색 인 ▶▶▶

색 인 ⟫⟫⟫

색인 >>>